视频文件处理技术

主　编　李　丹
副主编　徐　冰　杜晓军
　　　　周玉纯　陈　磊

北京理工大学出版社
BEIJING INSTITUTE OF TECHNOLOGY PRESS

内容简介

本书内容由浅入深，全面覆盖了 Premiere Pro CC 2017 的视频、音频编辑功能和操作技巧，多个小案例和 1 个大案例融入了编者丰富的设计经验和教学心得。全书共分 10 个项目，项目一讲解视频文件编辑基础知识；项目二讲解 Premiere Pro CC 2017 的安装、操作界面及素材管理；项目三讲解非线性编辑的基础操作；项目四～项目八分别讲解视频转场技术、视频特效技术、视频色彩技术、字幕技术及音频编辑技术；项目九讲解视频输出技术；项目十介绍一个完整的设计宣传片的大案例，旨在让读者熟练掌握 Premiere Pro CC 2017 的应用。

本书可作为计算机类或数字媒体类专业相关课程的教材，也可以作为相关培训机构的教学用书或影视后期制作人员与爱好者的参考用书。

版权专有　侵权必究

图书在版编目（CIP）数据

视频文件处理技术/李丹主编. —北京：北京理工大学出版社，2020.8（2020.9 重印）
ISBN 978－7－5682－8043－3

Ⅰ. ①视… Ⅱ. ①李… Ⅲ. ①视频信号－图象处理 Ⅳ. ①TN941.1

中国版本图书馆 CIP 数据核字（2020）第 005809 号

出版发行 /	北京理工大学出版社有限责任公司
社　　址 /	北京市海淀区中关村南大街 5 号
邮　　编 /	100081
电　　话 /	（010）68914775（总编室）
	（010）82562903（教材售后服务热线）
	（010）68948351（其他图书服务热线）
网　　址 /	http://www.bitpress.com.cn
经　　销 /	全国各地新华书店
印　　刷 /	三河市天利华印刷装订有限公司
开　　本 /	787 毫米 × 1092 毫米　1/16
印　　张 /	14.5
字　　数 /	345 千字
版　　次 /	2020 年 8 月第 1 版　2020 年 9 月第 2 次印刷
定　　价 /	39.00 元
	责任编辑 / 钟　博
	文案编辑 / 钟　博
	责任校对 / 周瑞红
	责任印制 / 施胜娟

图书出现印装质量问题，请拨打售后服务热线，本社负责调换

前　　言

　　Premiere 是 Adobe 公司推出的一款非线性编辑软件，借助它可以轻松地实现视频、音频素材的编辑合成及特效处理。Premiere 功能强大、操作简单，其主要包括以下功能：编辑和剪接各种视频素材；对视频素材进行各种特效处理；在两段视频素材之间增加各种切换效果；在视频素材上增加各种字幕、图标和其他视频效果；给视频素材配音，并对音频素材进行编辑，调整音频素材和视频素材的同步等。

　　本书从理论到案例都进行了较详尽的叙述，内容由浅入深，全面覆盖了 Premiere Pro CC 2017 的视频、音频编辑功能和操作技巧，50 个实用的小案例和 1 个精彩的大案例融入了编者丰富的设计经验和教学心得。全书共分十个项目，项目一讲解视频文件编辑基础知识；项目二讲解 Premiere Pro CC 2017 的安装、操作界面及素材管理；项目三讲解非线性编辑的基础操作；项目四~项目八分别讲解视频转场技术、视频特效技术、视频色彩技术、字幕技术及音频编辑技术；项目九讲解视频输出技术；项目十介绍了一个完整的设计宣传片的大案例，旨在让读者熟练掌握 Premiere Pro CC 2017 的应用。

　　本书提供了立体化教学资源，包括教学课件（PPT）、高质量教学微课、案例素材及源文件、课后练习答案等。希望能为广大师生在"教"与"学"之间铺垫出一条更加平坦的道路，力求使读者达到一定的职业技能水平。

　　本书由渤海船舶职业学院李丹任主编，徐冰、杜晓军、周玉纯、陈磊任副主编，其中李丹负责编写项目一、项目三、项目四、项目六、项目八、项目九，徐冰负责编写项目五，杜晓军负责编写项目七，周玉纯负责编写项目二，陈磊负责编写项目十。由于时间仓促，疏漏之处在所难免，恳请广大读者批评指正。

编　者

目　　录

项目一　数字视频编辑基础 ……………………………………………………………… 1
- 任务 1　视频文件处理概述 ………………………………………………………… 1
- 任务 2　视频编解码技术 …………………………………………………………… 4
- 任务 3　镜头组接的基本知识 ……………………………………………………… 8
- 任务 4　视频色彩概述 ……………………………………………………………… 12
- 课后习题 ……………………………………………………………………………… 15
- 项目总结与知识点梳理 ……………………………………………………………… 16

项目二　Premiere Pro CC 2017 的基础知识 …………………………………………… 17
- 任务 1　Premiere Pro CC 2017 系统要求以及安装 ……………………………… 17
- 任务 2　Premiere Pro CC 2017 的工作界面 ……………………………………… 20
- 任务 3　创建新项目 ………………………………………………………………… 28
- 课后习题 ……………………………………………………………………………… 31
- 项目总结与知识点梳理 ……………………………………………………………… 31

项目三　视频编辑基础 …………………………………………………………………… 33
- 任务 1　视频素材文件编辑的基本方法 …………………………………………… 33
- 任务 2　视频编辑高级技巧 ………………………………………………………… 49
- 任务 3　综合案例：制作美食视频 ………………………………………………… 56
- 课后习题 ……………………………………………………………………………… 61
- 项目总结与知识点梳理 ……………………………………………………………… 62

项目四　视频转场技术 …………………………………………………………………… 63
- 任务 1　视频转场概述 ……………………………………………………………… 63
- 任务 2　添加和编辑转场特效 ……………………………………………………… 65
- 任务 3　视频转场特效 ……………………………………………………………… 74
- 任务 4　综合案例：翻页效果 ……………………………………………………… 97
- 课后习题 ……………………………………………………………………………… 99
- 项目总结与知识点梳理 ……………………………………………………………… 100

项目五　视频特效技术 …………………………………………………………………… 101
- 任务 1　视频特效概述 ……………………………………………………………… 101
- 任务 2　视频特效介绍 ……………………………………………………………… 110
- 任务 3　综合案例：文字雨 ………………………………………………………… 124
- 课后习题 ……………………………………………………………………………… 128
- 项目总结与知识点梳理 ……………………………………………………………… 129

项目六 视频色彩特效 ... 131
任务1 视频色彩技术 ... 131
任务2 综合案例：图像合成 ... 143
课后习题 ... 149
项目总结与知识点梳理 ... 149

项目七 字幕技术 ... 151
任务1 字幕的基本操作 ... 151
任务2 字幕填充 ... 158
任务3 运动字幕 ... 164
任务4 综合案例：制作MTV ... 169
课后习题 ... 180
项目总结与知识点梳理 ... 182

项目八 音频编辑技术 ... 183
任务1 音频编辑基础操作 ... 183
任务2 音频特效 ... 186
任务3 音频转场 ... 196
任务4 音频效果关键帧 ... 199
任务5 综合案例：制作回声效果 ... 200
课后习题 ... 202
项目总结与知识点梳理 ... 202

项目九 视频输出技术 ... 203
任务1 视频输出基本操作 ... 203
任务2 媒体输出参数设置 ... 208
任务3 综合案例：输出单帧图像 ... 213
课后习题 ... 215
项目总结与知识点梳理 ... 215

项目十 综合案例：景区宣传片 ... 217
任务1 项目分析 ... 217
任务2 制作首页 ... 217
任务3 制作场景一 ... 219
任务4 制作场景二 ... 221
任务5 制作场景三 ... 221
任务6 导出影片 ... 222

参考文献 ... 223

项目一

数字视频编辑基础

随着影视产业的高速发展，视频编辑技术也得到了快速提高。如今计算机技术日益成熟，借助计算机技术的非线性编辑已经成为影视后期编辑的主流，它具有信号质量高、制作水平高、节约投资、网络化等方面的优越性。Adobe 公司推出的基于非线性编辑设备的音视频编辑软件 Premiere 在影视制作领域取得了巨大的成功，已经成为应用最广泛的视频编辑软件。本项目主要讲解视频的基础知识。

任务1 视频文件处理概述

数字视频就是先用摄影机之类的视频捕捉设备，将预期的外界影像转换成电信号，再记录到存储设备上所形成的视频。为了达到所需的效果，需要 YY 进行后期编辑。在此之前，有必要对视频的基础知识进行了解。

1.1.1 视频技术基本概念

1. 什么是视频

视频（video）泛指将一系列静态影像以电信号的方式加以捕捉、记录、处理、储存、传送与重现的各种技术。连续的图像变化每秒超过 24 帧（frame）画面以上时，根据视觉暂留原理，人眼无法辨别单幅的静态画面，画面产生平滑连续的视觉效果，这样连续的画面叫作视频。一幅幅静止的图像组成了视频，图像是视频最基本的单元。

2. 帧率

帧率（frame rate）也称为"画面更新率"（frame per second, fps），是指视频格式每秒播放的静态画面数量。典型的画面更新率由早期的每秒 6 或 8 张发展至现今的每秒 120 张不等。PAL（欧洲、亚洲、澳洲等的电视广播格式）与 SECAM（法国、俄罗斯、部分非洲地区的电视广播格式）规定画面更新率为 25fps，而 NTSC（美国、加拿大、日本等的电视广播格式）规定画面更新率为 30 fps。电影以 24fps 的画面更新率拍摄，这使各国电视广播在播映电影时需要一些复杂的转换过程。

3. 扫描传送

视频可以用逐行扫描或隔行扫描的方式来传送，如图 1-1 所示。交错扫描是早年广播技术不发达，带宽甚低时用来改善画质的方法。NTSC、PAL 与 SECAM 皆为交错扫描格式。在视频分辨率的简写当中经常以 i 来代表交错扫描。例如 PAL 格式的分辨率经常被写为

576i50，其中 576 代表垂直扫描线数量，i 代表隔行扫描，50 代表每秒 50 个 field（一半的画面扫描线）。

在逐行扫描系统中，每次画面更新时都会刷新所有的扫描线。此法较消耗带宽，但是画面的闪烁与扭曲则可以减少。为了将原本为隔行扫描的视频格式（如 DVD）转换为逐行扫描显示设备（如液晶电视、等离子电视等）可以接受的格式，许多显示设备或播放设备都具备转换程序。由于隔行扫描信号本身特性的限制，转换后的画面无法达到逐行扫描画面的品质。

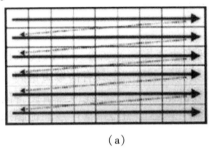 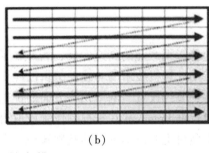

(a) (b)

图 1-1 逐行扫描与隔行扫描
(a) 逐行扫描；(b) 隔行扫描

4. 像素

像素（px）是画面中最小的点（单位色块），如图 1-2 所示。像素的大小是没有固定长度值的，不同设备上 1 个单位像素色块的大小是不一样的。

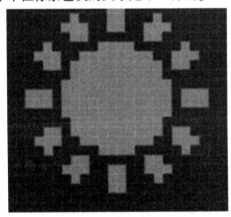

图 1-2 像素

5. 分辨率

像素是构成数字视频图像的基本单元，通常以像素每英寸①（Pixels Per Inch，PPI）为单位表示视频图像分辨率的大小。例如 300×300PPI 表示水平方向与垂直方向上每英寸长度上的像素数都是 300，也可表示 $1m^2$ 英寸内有 9 万（300×300）像素。

6. 像素比

图像中的一个像素的宽度与高度之比称为像素比，而帧纵横比则是指图像的一帧的宽度与高度之比。正方形像素的比例为 1:1，但非正方形（矩形）像素的高和宽不相同。这一概念类似于帧纵横比，后者是图像的整个宽度与高度之比。通常，电视像素是矩形的，计算机像素是正方形的。如某些 D1/DV NTSC 图像的帧纵横比是 4:3，但使用正方形像素（1.0 像

---

① 1 英寸 = 0.0254 米。

素比）的是640×480，使用矩形像素（0.9像素比）的是720×480。DV基本上使用矩形像素，在NTSC视频中是纵向排列的，而在PAL制视频中是横向排列的。使用计算机图形软件制作生成的图像大多使用正方形像素。

计算机产生的图像的像素比永远是1:1，而电视设备所产生的视频图像的像素比就不一定是1:1，如我国的PAL制图像的像素比就是16:15=1.07。同时，PAL制规定画面宽高比为4:3。根据宽高比的定义来推算，PAL制图像分辨率应为768×576，这是在像素为1:1的情况下推出的，可PAL制的分辨率为720×576。因此，实际PAL制图像的像素比是768:720=16:15=1.07，也就是通过把正方形像素"拉长"的方法，保证画面的4:3的宽高比。

7. 电视广播制式

世界上主要使用的电视广播制式有PAL、NTSC、SECAM 3种，中国大部分地区使用PAL制式，日本、韩国及东南亚地区与美国等欧美国家使用NTSC制式，俄罗斯则使用SECAM制式。中国国内市场上买到的正式进口的DV产品都使用PAL制式。

（1）正交平衡调幅制（National Television Systems Committee，NTSC）。采用这种制式的主要国家有美国、加拿大和日本等。这种制式的帧速率为29.97fps（帧/秒），每帧525行、262线，标准分辨率为720×480。

（2）正交平衡调幅逐行倒相制（Phase – Alternative Line，PAL）。中国、德国、英国和其他一些西北欧国家采用这种制式。这种制式的帧速率为25fps，每帧625行、312线，标准分辨率为720×576。

（3）行轮换调频制（Sequentiel Couleur Avec Memoire[①]，SECAM）。采用这种制式的有法国、俄罗斯和一些东欧国家。

1.1.2 音频技术基本概念

1. 什么是音频

音频（audio）指人耳可以听到的声音频率为20~20kHz的声波。

2. 采样频率

采样频率就是采用一段音频作为样本时每秒的采样次数。WAV格式使用的是数码信号，它是用一堆数字来描述原来的模拟信号的，所以它要对原来的模拟信号进行分析。所有声音都有其波形，数字信号就是在原有的模拟信号波形上每隔一段时间进行一次"取点"，赋予每个点一个数值，这就是"采样"，然后把所有的"点"连起来描述模拟信号。很明显，在一定时间内取的点越多，描述出来的波形就越精确。最常用的采样频率是44.1kHz，它的意思是每秒取样44 100次。之所以使用这个采样频率，是因为经过反复试验，人们发现这个采样频率最合适，低于这个值就会有较明显的损失，而高于这个值人耳已经很难分辨，而且增大了数字音频所占用的空间。一般为了达到"万分精确"，人们还会使用48kHz甚至96kHz的采样频率，实际上，96kHz采样频率和44.1kHz采样频率的区别绝对不会像44.1kHz采样频率和22kHz采样频率的区别那么大，CD的采样频率就是44.1kHz，目前44.1kHz还是最通行的标准，有些人认为96kHz是未来录音界的趋势。

---

① 法文。

3. 比特率

比特率是一种数字音乐压缩效率的参考性指标，表示记录音频数据每秒钟所需要的平均比特值（比特是计算机中最小的数据单位，指一个为 0 或者 1 的数）。通常使用 kb/s（每秒钟 1 024 比特）作为单位。CD 中的数字音乐比特率为 1 411.2kb/s（也就是记录 1 秒钟的 CD 音乐，需要 1 411.2×1 024 比特的数据），近乎 CD 音质的 MP3 数字音乐需要的比特率大约是 112～128 kb/s。

4. 压缩率

压缩率通常指音乐文件压缩前和压缩后大小的比值，用来简单描述数字声音的压缩效率。

5. 量化级

简单地说量化级就是描述声音波形的数据是多少位的二进制数据，通常用 bit 作单位，如 16bit、24bit。16bit 量化级记录声音的数据是用 16 位的二进制数，因此，量化级也是数字声音质量的重要指标。形容数字声音的质量，通常就描述为 24bit（量化级）、48kHz 采样，比如标准 CD 音乐的质量就是 16bit、44.1kHz 采样。

任务 2　视频编解码技术

从信息论的观点来看，描述信源的数据是信息和数据冗余之和，即数据＝信息＋数据冗余。数据冗余有许多种，如空间冗余、时间冗余、视觉冗余、统计冗余等。将图像作为一个信源，视频压缩编码的实质是减少图像中的冗余。视频编解码技术是网络电视发展的初始条件。只有高效的视频编码才能保证在现实的互联网环境下提供视频服务。

1.2.1　视频文件格式

视频文件格式是指视频保存的格式。视频是计算机多媒体系统中的重要元素。为了适应储存视频的需要，人们设定了不同的视频文件格式来把视频和音频放在一个文件中，以方便同时回放。视频文件格式的分类见表 1-1。

表 1-1　视频文件格式的分类

类别	后缀
微软视频	wmv、asf、asx
Real Player	rm、rmvb
MPEG 视频	mp4
手机视频	3gp
Apple 视频	mov、m4v
其他常见视频	avi、dat、mkv、flv、vob

1. MPEG/MPG/DAT

MPEG 是 Motion Picture Experts Group 的缩写。这类格式包括 MPEG－1、MPEG－2 和 MPEG－4 等多种视频格式。MPEG－1 正在被广泛地应用在 VCD 的制作和一些视频片段下载的网络应用上面，大部分 VCD 都是用 MPEG－1 格式压缩的（刻录软件自动将 MPEG－1 转为 DAT 格式），使用 MPEG－1 的压缩算法，可以把一部 120 分钟长的电影压缩到 1.2 GB 左右大小。MPEG－2 则应用在 DVD 的制作，一些 HDTV（高清晰电视广播）和一些高要求视频编辑、处理方面。使用 MPEG－2 的压缩算法可以将一部 120 分钟长的电影压缩到 5～8 GB 大小（MPEG－2 的图像质量是 MPEG－1 无法比拟的）。

2. AVI

音频视频交错（Audio Video Interleaved，AVI）是由微软公司推出的视频音频交错格式（视频和音频交织在一起进行同步播放），是一种桌面系统上的低成本、低分辨率的视频格式。它的一个重要的特点是具有可伸缩性，性能依赖于硬件设备。它的优点是可以跨多个平台使用，缺点是占用空间大。

3. RA/RM/RAM

RM 是 Real Networks 公司所制定的音频/视频压缩规范 Real Media 中的一种，Real Player 所做的就是利用 Internet 资源对这些符合 Real Media 技术规范的音频/视频进行实况转播。在 Real Media 规范中主要包括 3 类文件：RealAudio、Real Video 和 Real Flash（Real Networks 公司与 Macromedia 公司合作推出的新一代高压缩比动画格式）。Real Video（RA、RAM）格式一开始就定位在视频流应用方面，也可以说是视频流技术的始创者。它可以在用 56k Modem 拨号上网的条件下实现不间断的视频播放，可是其图像质量比 VCD 差。

4. MOV

QuickTime 原本是 Apple 公司应用于 Mac 计算机上的一种图像视频处理软件。QuickTime 提供了两种标准图像和数字视频格式，即静态的 PIC 和 JPG 图像格式、动态的基于 Indeo 压缩法的 MOV 和基于 MPEG 压缩法的 MPG 视频格式。

5. ASF

高级流格式（Advanced Streaming Format，ASF）是微软公司为了和 Real Player 竞争而发展出来的一种可以直接在网上观看视频节目的文件压缩格式。ASF 使用了 MPEG－4 的压缩算法，压缩率和图像质量都很好。因为 ASF 是以一个可以在网上即时观赏的视频"流"格式存在的，所以它的图像质量比 VCD 差一点，但比同是视频"流"格式的 RAM 要好。

6. WMV

WMV 是一种独立于编码方式的在 Internet 上实时传播多媒体的技术标准，微软公司希望用其取代 QuickTime 之类的技术标准以及 WAV、AVI 之类的文件扩展名。WMV 的主要优点在于媒体类型可扩充、可本地或网络回放、媒体类型可伸缩、具有流的优先级化、支持多语言、具有扩展性等。

7. NAVI

NAVI 是 New AVI 的缩写，是一个名为 Shadow Realm 的地下组织发展起来的一种新视频格式。它是由 Microsoft ASF 压缩算法修改而来的（并不是想象中的 AVI）。视频格式追求的无非是压缩率和图像质量，所以 NAVI 为了追求这个目标，改善了原始 ASF 格式的一些不足，以拥有更高的帧率。可以认为 NAVI 是一种去掉视频流特性的改良型 ASF 格式。

8. DivX

DivX 是由 MPEG–4 衍生出的另一种视频编码（压缩）标准，也即通常所说的 DVDrip 格式，它采用了 MPEG–4 的压缩算法，同时又综合了 MPEG–4 与 MP3 各方面的技术，即使用 DivX 压缩技术对 DVD 盘片的视频图像进行高质量压缩，同时用 MP3 或 AC3 对音频进行压缩，然后再将视频与音频合成并加上相应的外挂字幕文件而形成的视频。其画质直逼 DVD，但体积只有 DVD 的数分之一。这种编码对机器的要求不高，所以 DivX 视频编码技术可以说是一种对 DVD 造成威胁最大的新生视频压缩格式，号称"DVD 杀手"或"DVD 终结者"。

9. RMVB

RMVB 是一种由 RM 视频格式升级延伸出的新视频格式，它的先进之处在于打破了原先 RM 格式的平均压缩采样方式，在保证平均压缩比的基础上合理利用比特率资源，对静止和动场面少的画面场景采用较低的编码速率，以留出更多带宽空间，这些带宽会在出现快速运动的画面场景时被利用。这样在保证了静止画面质量的前提下，大幅提高了运动图像的画面质量，使图像质量和文件大小达到微妙的平衡。另外，相对于 DVDrip 格式，RMVB 视频也有较明显的优势，一部大小为 700MB 左右的 DVD 影片，如果将其转录成同样视听品质的 RMVB 格式，其大小最多为 400MB 左右。不仅如此，这种视频格式还具有内置字幕和无须外挂插件支持等独特优点。对于这种视频格式，可以使用 RealOne Player2.0 或 RealPlayer8.0 加 RealVideo9.0 以上版本的解码器进行播放。

10. FLV

FLV 是随着 Flash MX 的推出发展而来的新的视频格式，其全称为 Flashvideo，是在 sorenson 公司的压缩算法的基础上开发出来的。它形成的文件极小、加载速度极快，使上网观看视频成为可能，它的出现有效地解决了视频文件导入 Flash 后使导出的 SWF 文件体积庞大、不能在网络上很好地使用等缺点。各在线视频网站均采用此视频格式，如新浪播客、优酷、酷6、YouTube 等。

11. F4V

F4V 是 Adobe 公司为了迎接高清时代而继 FLV 格式后推出的支持 H.264 的流媒体格式。它和 FLV 的主要区别在于，FLV 格式采用的是 H.263 编码，而 F4V 则支持 H.264 编码的高清视频，码率最高可达 50Mb/s。主流的视频网站（如爱奇艺、土豆、酷6 等）都开始用 H.264 编码的 F4V 文件。H.264 编码的 F4V 文件，在文件大小相同的情况下，清晰度明显比 On2 VP6 和 H.263 编码的 FLV 文件要好。一些视频发布的视频大多采用 F4V 格，但下载后缀为 FLV，这也是 F4V 的特点之一。

12. MP4

MP4（MPEG-4 Part 14）是一种常见的多媒体容器格式，它是在 ISO/IEC 14496-14 标准文件中定义的，属于 MPEG-4 的一部分，是 ISO/IEC 14496-12（MPEG-4 Part 12 ISO base media file format）标准中所定义的媒体格式的一种实现，后者定义了一种通用的媒体文件结构标准。MP4 是一种描述较为全面的容器格式，被认为可以在其中嵌入任何形式的数据，各种编码的视频、音频等都不在话下，不过常见的大部分 MP4 文件存放的是 AVC（H.264）或 MPEG-4编码的视频和 AAC 编码的音频。MP4 格式的官方文件后缀为".mp4"，还有其他的以 MP4 为基础进行的扩展或者缩水版本的格式，包括 M4V、3GP、F4V 等。

13. 3GP

3GP 是第三代合作伙伴项目（3rd Generation Partnership Project，3GPP）制定的流媒体视频文件格式，主要是为了配合 3G 网络的高传输速度而开发的，也是目前手机中最为常见的一种视频格式。

14. AMV

AMV 是一种 MP4 专用的视频格式。

1.2.2 视频压缩技术

自从数字信号系统被广泛使用以来，人们发展出许多方法来压缩视频串流。由于视频资料包含了空间与时间冗余性，所以未压缩的视频串流从传送效率的观点来说是相当糟糕的。总体而言，空间冗余性可以借由"只记录单帧画面的一部分与另一部分的差异性"来降低，这种技巧称为帧内压缩（intraframe compression），并且与图像压缩密切相关。时间冗余性可借由"只记录两帧不同画面间的差异性"来降低，这种技巧称为帧间压缩（interframe compression），包括运动补偿以及其他技术。目前最常用的视频压缩技术为 DVD 与卫星直播电视所采用的 MPEG-2，以及 Internet 传输常用的 MPEG-4。

视频压缩技术可以分为两大类：无损压缩和有损压缩。

无损压缩也称为可逆编码，指使用压缩后的数据进行重构（即解压缩）时，重构的数据与原来的数据完全相同。也就是说，解码图像和原始图像严格相同，压缩是完全可恢复的或无偏差的，没有失真。无损压缩用于要求重构的信号与原始信号完全一致的场合，例如磁盘文件的压缩。

有损压缩也称为不可逆编码，指使用压缩后的数据进行重构（即解压缩）时，重构的数据与原来的数据有差异，但不影响人们理解原始资料所表达的信息。也就是说，解码图像和原始图像是有差别的，允许有一定的失真，但视觉效果一般是可以接受的。有损压缩的应用范围广泛，例如视频会议、可视电话、视频广播、视频监控等。

1.2.3 音视频编码技术

所谓视频编码方式就是指通过特定的压缩技术，将某个视频格式的文件转换成另一种视频格式的文件的方式。视频流传输中最为重要的编解码标准有国际电联的 H.261、H.263、H.264，运动静止图像专家组的 M-JPEG 和国际标准化组织运动图像专家组的 MPEG 系列标准，此外在互联网上被广泛应用的还有 RealNetworks 公司的 RealVideo、微软公司的 WMV 以及 Apple 公司的 QuickTime 等。

常见的音频视频编码有以下两类：

（1）MPEG 系列（由国际标准组织机构下属的 MPEG 运动图像专家组开发）：视频编码方面主要是 MPEG-1（VCD 使用）、MPEG-2（DVD 使用）、MPEG-4（DVDrip 使用的都是它的变种，如：DivX、Xvid 等）、MPEG-4 AVC；音频编码方面主要是 MPEG Audio Layer 1/2、MPEG Audio Layer 3（MP3）、MPEG-2 AAC、MPEG-4 AAC 等。

（2）H.26X 系列（由国际电传视讯联盟主导，侧重于网络传输，注意：只是视频编码）：包括 H.261、H.262、H.263、H.263+、H.263++、H.264。

1. Microsoft RLE

它是一种 8 位的编码方式，只能支持到 256 色。压缩动画或计算机合成的图像等具有大面积色块的素材可以使用它来编码，它是一种无损压缩方案。

2. Microsoft Video 1

它用于对模拟视频进行压缩，是一种有损压缩方案，最高仅达到 256 色，一般不使用它编码 AVI。

3. Microsoft H.261/H.263/H.264/H.265

它用于视频会议的 Codec，其中 H.261 适用于 ISDN、DDN 线路，H.263 适用于局域网，不过一般机器上这种 Codec 是用来播放的，不能用于编码。

4. Intel Indeo Video R3.2

所有 Windows 版本都能用 Intel Indeo Video R3.2 播放 AVI 编码。它的压缩率比 Cinepak 大，但需要回放的计算机比 Cinepak 快。

5. Intel Indeo Video 4 和 5

常见的有 4.5 和 5.10 两种，质量比 Cinepak 和 R3.2 好，可以适应不同带宽的网络，但必须有相应的解码插件才能顺利地播放下载作品。它适合装了 Intel 公司 MMX 以上 CPU 的机器，回放效果优秀。如果一定要用 AVI，推荐使用 5.10，在效果几乎一样的情况下，它有更快的编码速度和更高的压缩比。

6. Intel IYUV Codec

使用该方法所得图像质量极好，因为此方式是将普通的 RGB 色彩模式变为更加紧凑的 YUV 色彩模式。如果要将 AVI 压缩成 MPEG-1，用它得到的效果比较理想，只是它生成的文件太大了。

7. Microsoft MPEG-4 Video Codec

常见的有 1.0、2.0、3.0 三种版本，均基于 MPEG-4 技术，其中 3.0 并不能用于 AVI 的编码，只能用于生成支持"视频流"技术的 ASF 文件。

8. DivX-MPEG-4 Low-Motion/Fast-Motion

它实际相当于 Microsoft MPEG-4 Video Codec，只是 Low-Motion 采用固定码率，Fast-

Motion 采用动态码率,后者压缩成的 AVI 几乎是前者的一半大小,但质量要差一些。Low-Motion 适用于转换 DVD 以保证较好的画质,Fast-Motion 用于转换 VCD 以体现 MPEG-4 短小精悍的优势。

9. DivX 3.11/4.12/5.0

它其实就是 DivX。DivX 是为了打破微软公司的 ASF 规格而开发的,后来开发组成立 DivXNetworks 公司,不断推出新的版本。其最大的特点就是在编码程序中加入了 1-pass 和 2-pass 的设置,2-pass 相当于两次编码,可以最大限度地在网络带宽与视觉效果中取得平衡。

任务3 镜头组接的基本知识

从开机到关机所拍摄下来的一段连续的画面,或两个剪接点之间的片段,叫作一个镜头。镜头画面是影视造型语言中最基本的单位,是一部影视剧的基本构成单元。每一部影视剧都由一个个镜头组成,每个镜头又由无数帧画面组成。形象地说,每帧画面就是文章的一个字,而每个镜头就是文章的一个句子。句子有长短、修辞之说,镜头也有长镜头、短镜头,远景、近景之说。

1.3.1 景别

"景"是指屏幕上的单个画面图像,是一种瞬间的空间呈现。不同的画面叫作"景别"。景和景别都是空间概念,而"镜头"则不同,它是一个时间概念。一个镜头就是摄影机或摄像机从开始到停止所拍下的全部影像。所以,一个镜头可以是一个景,也可以是两个或两个以上的景。

根据景距、视角的不同,景别一般分为极远景、远景、中景、半身景、近景、特写、大特写。

(1) 极远景:极端遥远的镜头景观,人物小如蚂蚁,如图 1-3 所示。

图 1-3 极远景

(2)远景：深远的镜头景观，人物在画面中只占很小位置，如图 1-4 所示。广义的远景基于景距的不同，又可分为大远景、全景、小远景 3 个层次。

图 1-4 远景

①大远景：包含整个拍摄主体及周围大环境的画面，通常用来作影视作品的环境介绍，因此被叫作最广的镜头。

②全景：摄取人物全身或较小场景全貌的画面，相当于话剧、歌舞剧场"舞台框"内的景观。在全景中可以看清人物动作和所处的环境。

③小远景：演员"顶天立地"，处于比全景小得多，又保持相对完整的规格。

(3)中景：俗称"七分像"，指摄取人物小腿以上部分的镜头，或用来拍摄与此相当的场景的镜头，是表演性场面的常用景别，如图 1-5 所示。

图 1-5 中景

(4)半身景：俗称"半身像"，指从腰部到头的景致，也称为"中近景"，如图 1-6 所示。

图 1-6 半身景

（5）近景：指摄取胸部以上的影视画面，有时也用于表现景物的某一局部，如图1-7所示。

图1-7　近景

（6）特写：指摄像机在很近距离内摄取对象，通常以人体肩部以上的头像为取景参照，突出强调人体的某个局部，或相应的物件细节、景物细节等，如图1-8所示。

图1-8　特写

（7）大特写：又称"细部特写"，指突出头像的局部，或身体、物体的某一细部，如眉毛、眼睛、枪栓、扳机等，如图1-9所示。

图1-9　大特写

1.3.2　镜头拍摄技巧

在影视制作中，尤其是在前期的拍摄中，需要对镜头的表现技巧非常熟悉，什么样的镜头技巧表现什么样的主题内容，都要熟知于心。摄像机在运动中进行拍摄的方式有推、拉、摇、移、跟、甩等形式，它们是突破画框边缘的局限、扩展画面视野的方法。

（1）推：即推拍、推镜头，指被摄体不动，由拍摄机器作向前的运动拍摄，取景范围由大变小，可分为快推、慢推、猛推，与变焦距推拍存在本质的区别。

（2）拉：被摄体不动，由拍摄机器作向后作拉摄运动，取景范围由小变大，可分为慢拉、快拉、猛拉。

（3）摇：摄像机位置不动，机身依托于三脚架上的底盘作上下、左右旋转等运动，使观众如同站在原地环顾、打量周围的人或事物。

（4）移：又称移动拍摄。从广义来说，运动拍摄的各种方式都为移动拍摄。但在通常的意义上，移动拍摄专指把摄像机安放在运载工具上，如轨道或摇臂，沿水平面在移动中拍摄对象。移拍与摇拍结合可以形成摇移拍摄方式。

（5）跟：指跟踪拍摄，包括跟移、跟摇、跟推、跟拉、跟升、跟降等，即将跟摄与拉、摇、移、升、降等20多种拍摄方法结合在一起。跟踪拍摄的手法灵活多样，它使观众始终盯牢被摄的人体、物体。

（1）升：上升摄像；

（2）降：下降摄像；

（3）俯：俯拍，常用于宏观地展现环境、场合的整体面貌；

（4）仰：仰拍，常带有高大、庄严的意味。

（5）甩：甩镜头，也即扫摇镜头，指从一个被摄体甩向另一个被摄体，表现急剧的变化，作为场景变换的手段时不露剪辑的痕迹。

1.3.3　镜头组接方式

镜头组接，就是将单独的影视画面有逻辑、有构思、有意识、有创意和有规律地连贯在一起。一部影片是由许多镜头合乎逻辑地、有节奏地组接在一起的，从而阐释或叙述某件事情的发生和发展。在镜头组接过程当中还有很多专业的术语，如蒙太奇，画面组接的一般规律——动接动、静接静、声画统一等。

镜头组接方式有显、隐、化、切等。

（1）显：又叫渐显、淡入，即画面从空白或全黑中渐渐现出。

（2）隐：又叫渐隐、淡出，与显正好相反，是画面逐渐退隐直到完全消失。

若将隐和显结合起来，就会形成明显的间歇感，即告诉观众，这是一个完整段落的结束和另一个段落的开始。

（3）化：又叫溶或叠化。上一个画面在下一个画面显现时渐渐消失，叫作"化出"；下一个画面在上一个画面的逐步消失中逐渐出现叫作"化入"。化出、化入通常用来表现一些不完整的段落之间的时间分割。运用叠化能表现某人或某事在一段相当长的时间内的变化。

（4）切：又叫切换，具体又可分为连续性切换和穿插性切换。

①连续性切换，即后一画面中所表现的动作是前一画面中动作的继续或前一画面中所展现内容的一部分。它把其间的许多不必要表现的过程都"切"去了，不但脉络清晰，而且简洁流畅。②穿插性切换与连续性切换不同，后一画面不是前一画面中某一动作的继续，它不包括前一画面的某些部分，但它们有内在的关联，在整个故事发展的链条中是可以连接在一起的。

上述镜头组接方式只是影视艺术剪辑的多种手法中的几种。隐、显、化等手法就须在镜头组接时使用某些光学技巧，因此叫作技巧性组接。切无须使用任何光学技巧，因此叫非技巧性组接。

各种镜头组接方式实际上是蒙太奇技巧在画面转换和组接中的具体运用。电影和电视之所以能成为讲故事的叙述艺术，即因为它们具有一种最基本的构成手段——蒙太奇。蒙太奇既是影视成为独特艺术的基本特性，又是影视画面实现基本叙事功能的一种"语法修辞"，或者说它是电影和电视能够成为完美而独立的艺术的基本手段。

任务 4 视频色彩概述

在人类物质生活和精神生活发展的过程中，色彩始终具有神奇的魅力。人们不仅发现、观察、创造、欣赏绚丽缤纷的色彩，还在时代变迁中不断深化对色彩的认识。

1.4.1 光与色

色与光是不可分的，色彩来自光。一切客观物体都有色彩，这些色彩是从哪里来的？平常人们以为色彩是物体固有的，实际情况并非如此。根据物理学、光学分析的结果，色彩是由光的照射而显现的，凭借光，人们才看得到物体的色彩。没有光就没有色彩，如果在没有光线的暗房里，则无法辨别色彩。

在自然界中，光的来源很多，有太阳光、月光，以及灯光、火光等，前者是自然光，后者是人造光。色彩学是以太阳光为标准来解释色和光的物理现象的。太阳发射的白光是由各种色光组合而成的，通过三棱镜可以看见白光分散为各种色光组成的光带，英国科学家牛顿把它定为红、橙、黄、绿、青、蓝、紫 7 色。这 7 种色光的每一种颜色，都是逐渐地、和谐地过渡到另一种颜色的。其中蓝处于青与紫之间，蓝和青的区别甚微，青可包括蓝，所以一般都称为 6 种色光，它们形成光谱。在色彩学上，把红、橙、黄、绿、青、紫这 6 色定为标准色。

可见光的波长范围为 770～350nm。波长不同的电磁波，引起人眼的颜色感觉不同：770～622nm，红色；622～597nm，橙色；597～577nm，黄色；577～492nm，绿色；492～455nm，蓝靛色；455～350nm，紫色。

1.4.2 色彩的三要素

色彩可用明度、色调（色相）和饱和度（纯度）来描述。人眼看到的任一色彩都是这 3 个特性的综合效果，这 3 个特性即色彩的三要素，其中色调与光波的波长有直接关系，明度和饱和度与光波的幅度有关。

1. 明度

明度（brightness）是眼睛对光源和物体表面的明暗程度的感觉，主要是由光线强弱决定的一种视觉经验。一般来说，光线越强，物体看上去越亮；光线越弱，物体看上去越暗。明度也指颜色的明暗程度。色调相同的颜色，明度可能不同。例如，绛紫色和粉红色都含有红色，但前者显暗，后者显亮。

计算明度的基准是灰度测试卡，如图 1-10 所示。黑色为 0，白色为 10，在 0 和 10 之间等间隔地排列 9 个阶段。色彩可以分为有彩色和无彩色，但后者仍然存在着明度。作为有彩色，每种色彩各自的亮度在灰度测试卡上都有相应的位置值。彩度高的色彩的明度不太容易辨别。在明亮的地方鉴别色彩的明度比较容易的，在阴暗的地方就比较困难。

图 1-10 灰度测试卡

2. 色调

色彩是物体上的物理性的光反射到人眼视神经上所产生的感觉。色调是由光的波长所决定的。波长最长的是红色，波长最短的是紫色。把红、橙、黄、绿、蓝、紫和处在它们之间的红橙、黄橙、黄绿、蓝绿、蓝紫、红紫这 6 种中间色，共计 12 种色彩做成色相环，如图 1-11 所示。在色相环上排列的色彩是饱和度高的色彩，称为纯色。这些色彩在环上的位置是根据视觉和感觉的相等间隔来安排的。用类似的方法还可以再分出差别细微的多种色彩。在色相环上，与环中心对称，并在 180°的位置两端的色彩称为互补色。

图 1-11 色相环

3. 饱和度

饱和度用数值表示色彩的鲜艳或鲜明程度。有彩色的各种色彩都具有彩度值，无彩色的色彩的彩度值为 0。有彩色的色彩的彩度是根据这种色彩中所含灰色的程度来计算的。彩度由于色相的不同而不同，即使色调相同，因为明度不同，彩度也会随之变化。

1.4.3 RGB 色彩理论

目前的显示器大都采用 RGB 颜色标准，显示器是通过电子枪打在屏幕的红、绿、蓝三色发光极上来产生色彩的，目前的显示器一般都能显示 32 位颜色，即有 1 000 万种以上的颜色。

显示器上的所有颜色，都由这 3 种色光按照不同的比例混合而成。一组红色、绿色、蓝色就是一个最小的显示单位。显示器上的任何一个颜色都可以由一组 RGB 值来记录和表达。因此这红色、绿色、蓝色又称为三原色，用英文表示就是 R（red）、G（green）、B（blue）。

在计算机中，RGB 的大小就是亮度，用整数来表示。在通常情况下，RGB 各有 256 级亮度，用数字表示为 0，1，2，…，255。注意：虽然数字最大是 255，但 0 也是数值之一，因此共 256 级。256 级的 RGB 色彩总共能组合出约 1 678 万种色彩，即 $256 \times 256 \times 256 = 16\ 777\ 216$。其通常简称为 1 600 万色或千万色，也称为 24 位色（2 的 24 次方）。在 LED 领域利用三合一点阵全彩技术，即在一个发光单元里由 RGB 三色晶片组成全彩像素。随着这一技术的不断成熟，LED 显示技术会给人们带来更加丰富真实的色彩感受。

三原色代码包括 6 位 16 进制数，前两位为红色的密度，中间两位为绿色的密度，最后两位为蓝色的密度（#FF0000 表示红色，#00FF00 表示绿色，#0000FF 表示蓝色），通过对前、中、后 3 段两个 16 进制数的调整，可以得到不同的颜色。需要注意的是，白色为 #FFFFFF（复合色），黑色为 #000000（在自然界中称黑色为"无"）。RGB 部分颜色对照表见表 1-2。

表 1-2 RGB 部分颜色对照表

颜色	R	G	B	值
黑色	0	0	0	#000000
白色	255	255	255	#FFFFFF
红色	255	0	0	#FF0000
珊瑚色	255	127	80	#FF7F50
橘红色	255	69	0	#FF4500
黄色	255	255	0	#FFFF00
蓝色	0	0	255	#0000FF
青色	0	255	255	#00FFFF
绿色	0	255	0	#00FF00
紫色	160	32	240	#A020F0

课后习题

一、选择题

1. 在使用 PAL 制进行编辑时，Timebase 应选择（　　）帧。
   A. 21　　　　　B. 22　　　　　C. 23　　　　　D. 25

2. 普通电视的宽高比是 4:3，HDTV 的宽高比是（　　）。
   A. 8:6　　　　B. 16:9　　　　C. 5:4　　　　D. 3:2

3. 下面是组接在一起的两个镜头：（1）全景：一排学生正在进行军训实弹射击；（2）中景：一个学生趴在地上瞄准，扣动扳机。请从下列镜头中选择合适的镜头作为第三个镜头进行组接：（　　）。

   A. 中景：一个教师在讲台上授课。

   B. 中景：一组学生正在观看篮球比赛。

   C. 特写：一个射击靶子，可以看到子弹中靶。

   D. 全景：一个学生正走出教室门口。

二、简答题

1. 目前世界上通用的电视制式有哪些？

2. 常见的视频格式有哪些？

项目总结与知识点梳理

本项目较为简略地介绍了视频编辑的一些基础知识，尤其是线性编辑与非线性编辑的相关基础知识。此外，对于使用 Premiere 软件时涉及的一些知识，如电视制式、帧率和像素比也进行了较为详细的介绍。在本章的学习过程中要重点掌握使用 Premiere 软件时常见的视频、音频及其各种格式。

任务序号	任务名称	知识点
1	视频文件处理概述	视频、帧率、逐行扫描、隔行扫描、像素、分辨率、像素比、电视制式、音频、采样频率、比特率、压缩率、量化级
2	视频编解码技术	视频文件格式：AVI、wma、rmvb、rm、flash、mp4、mid、3GP 视频压缩技术：无损压缩和有损压缩 音视频编码技术：JPEG、MPEG—1、MPEG—2、MPEG—4、H.26X 系列
3	镜头组接的基本知识	景别：极远景、远景、中景、半身景、近景、特写、大特写 拍摄技巧：推、拉、摇、移、跟、甩 镜头组接方式：显、隐、化、切
4	视频色彩概述	明度、色调、饱和度、三原色

项目二
Premiere Pro CC 2017 的基础知识

Adobe Premiere 是一款常用的视频编辑软件,由 Adobe 公司推出。现在常用的版本有 CS4、CS5、CS6、CC、CC 2014、CC 2015 以及 CC 2017 版本。Adobe Premiere 是一款编辑画面质量比较好的软件,有较好的兼容性,且可以与 Adobe 公司推出的其他软件相互协作。目前这款软件广泛应用于广告制作和电视节目制作中。其最新版本为 Adobe Premiere Pro CC 2018。

任务1　Premiere Pro CC 2017 系统要求以及安装

2.1.1　Premiere Pro CC 2017 系统要求

1. Premiere Pro CC2017 安装需求
（1）英特尔®酷睿™2 双核以上或 AMD 羿龙® Ⅱ 以上处理器。
（2）Microsoft® Windows® 7 带有 Service Pack 1（64 位）或 Windows 8（64 位）。
（3）4GB 的 RAM（建议使用 8GB）。
（4）4GB 的可用硬盘空间用于安装（无法安装在可移动闪存等存储设备中,在安装过程中需要额外的可用空间）,需要额外的磁盘空间预览文件和其他工作档案（建议使用 10GB）。
（5）分辨率为 1 280×800 的显示器。
（6）7200 RPM 或更快的硬盘驱动器（多个快速的磁盘驱动器,最好配置 RAID 0 或 SSD 固态硬盘）。
（7）声卡兼容 ASIO 协议或 Microsoft Windows 驱动程序模型。
（8）QuickTime 功能所需的 QuickTime 7.6.6 软件。
（9）Adobe 认证的 GPU 卡（可选）。
（10）连接互联网,登记必需的激活所需的软件,进行会员验证,访问在线服务。

2. 在 Mac OS 安装需求
（1）多核英特尔处理器。
（2）Mac OS X10.7 或 v10.8。
（3）4GB 的 RAM（建议使用 8GB）。
（4）4GB 的可用硬盘空间用于安装（无法安装在区分大小写的文件系统,或可移动闪存等存储设备中,在安装过程中需要额外的可用空间）。
（5）需要额外的磁盘空间预览文件和其他工作档案（建议使用 10GB）。
（6）分辨率为 1 280×800 的显示器。

（7）7 200 转硬盘驱动器（多个快速的磁盘驱动器，最好配置 RAID 0）。
（8）QuickTime 功能所需的 QuickTime 7.6.6 软件。
（9）Adobe 认证的 GPU 卡（可选）。
（10）连接互联网，登记必需的激活所需的软件，进行会员验证，访问在线服务。

2.1.2　Premiere Pro CC 2017 安装

　　Premiere 是影视爱好者和专业人士不可缺少的视频编辑工具，它不仅简单易学，还具有视频剪辑、调色、音频处理、字幕添加、刻录等强大功能，这足以满足影视爱好者和专业人士的需求。下面介绍 Premiere Pro CC 2017 的安装方法。
　　（1）首先解压安装包，然后双击安装目录中的"Set－up.exe"进行安装，如图 2－1 所示。

图 2－1　安装目录

　　（2）打开登录界面，输入 Adobe ID 号和密码，如图 2－2 所示，如果不是 Adobe 会员，单击"获取 Adobe ID"链接，注册会员，然后单击窗口中的"登录"按钮。

图 2－2　登录界面

（3）进入安装界面，如图2-3所示，单击"继续"按钮。

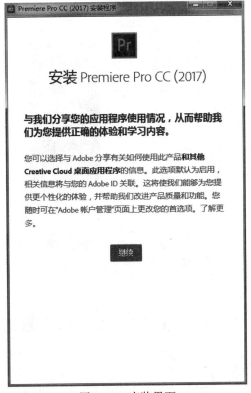

图2-3　安装界面

（4）进入安装进度界面，如图2-4所示，当进度显示为100%时，表明安装结束。

图2-4　安装进度界面

（5）打开"开始"菜单，可以看到安装好的 Premiere Pro CC 2017 程序，如图 2-5 所示。

图 2-5　"开始"菜单中的 Premiere Pro CC 2017 程序

任务 2　Premiere Pro CC 2017 的工作界面

2.2.1　认识 Premiere Pro CC 的工作界面

Premiere Pro CC 2017 的工作界面如图 2-6 所示。

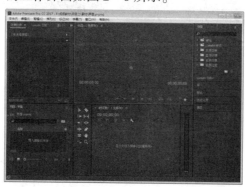

图 2-6　Premiere Pro CC 2017 的工作界面

在 Premiere Pro CC 2017 中可以设置界面模式，如"编辑"模式下的界面中"监视器"和"时间轴"窗口是主要的工作区域，可以根据个人习惯随意结合，并且可以保存起来，以便随时调用。单击"窗口"→"工作区"按钮，可以进行界面编辑、保存和调用等，如图 2-7 所示。

图 2-7 工作区的子菜单

1. 菜单栏

Premiere Pro CC 2017 有 8 个主要菜单——"文件""编辑""剪辑""序列""标记""字幕""窗口"和"帮助"如图 2-8 所示。

图 2-8 菜单栏

"文件":打开、新建项目,存储,素材采集和渲染输出等操作。

"编辑":对素材进行复制、清除、查找和编辑原始素材等操作。

"剪辑":对素材进行替换、修改、链接和编组等操作。

"序列":对时间线上的影片进行操作,例如渲染工作区、提升、分离等。

"标记":对素材和时间线窗口做标记。

"字幕":对字幕进行操作,例如新建字幕,排版,编辑颜色、排列方式等。

"窗口":设置各个窗口和面板的显示或隐藏状态。

"帮助":提供相关帮助和快捷键查阅等信息。

2. "项目"窗口

"项目"窗口主要用于导入、存放和管理素材,该窗口有两种视图模式,分别是图标视图(如图 2-9 所示)和列表视图(如图 2-10 所示)。

图 2-9 图标视图

图 2-10 列表视图

编辑影片所用的全部素材应事先存放于"项目"窗口内,再进行编辑使用。"项目"窗口中的素材信息包括素材的缩略图、名称、格式、出入点等。在素材较多时,也可为素材分类、重命名,使之更清晰。导入、新建素材后,所有的素材都存放在"项目"窗口里,用户可随时查看和调用"项目"窗口中的所有文件(素材)。

3. "监视器"窗口

"监视器"窗口分为左、右两个视窗(监视器),如图 2-11 所示。左侧是"素材源"监视器,主要用于预览或剪裁"项目"窗口中选中的某一原始素材。右侧是"节目"监视器,主要用于预览"时间线"窗口序列中已经编辑的素材(影片),也是最终输出视频效果的预览窗口。

图 2-11 "监视器"窗口

1)"素材源"监视器

"素材源"监视器的上部分是素材名称。单击右上角的三角形按钮,会弹出快捷菜单,内含关于"素材源"监视器的所有设置,可根据项目的不同要求以及编辑的需求进行模式选择。中间部分是监视器。可在"项目"窗口或"时间线"窗口中双击素材,也可以将"项目"窗口中的任一素材直接拖至"素材源"监视器中将其打开。监视器下方是素材时间编辑滑块位置时间码显示、窗口比例选择、素材总长度时间码显示。再下方是时间标尺、时间标尺缩放器以及时间编辑滑块。下部分是"素材源"监视器的控制器及功能按钮。

2)"节目"监视器

"节目"监视器在很多地方与"素材源"监视器相似,同样包括设置出入点、插入、覆盖等功能。"素材源"监视器用于预览原始视频素材,而"节目"监视器用于预览下方时间线中编辑过的视频段落。

4. "时间轴"窗口

"时间轴"窗口是以轨道的方式实施视频/音频组接、素材编辑的阵地,用户的编辑工作都需要在"时间轴"窗口中完成,如图 2-12 所示。素材片段按照播放时间的先后顺序及合成的先后层顺序在时间线上从左至右、由上至下排列在各自的轨道上,可以使用各种编辑工具对这些素材进行编辑操作。"时间轴"窗口分为上、下两个区域,上方为时间显示区,下方为轨道区。

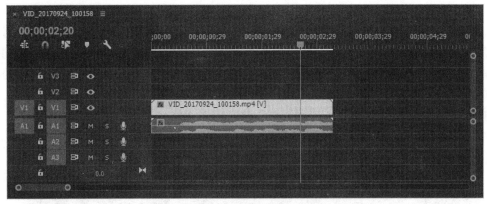

图 2-12 "时间轴"窗口

1) 时间显示区

时间显示区是"时间轴"窗口工作的基准,承担着指示时间的任务。它包括时间标尺、时间编辑线滑块及工作区域。左上方蓝色的时间码(如图 2-13 所示)显示的是时间编辑滑块所处的位置。单击时间码可输入时间,如图 2-14 所示,使时间编辑线滑块自动停到指定的时间位置。也可在时间栏中按住鼠标左键并水平拖动鼠标来改变时间,确定时间编辑滑块的位置。时间码下方的 5 个按钮分别是"将序列作为嵌套或个别剪辑插入并覆盖""对齐""链接选择项""添加标记"和"时间轴显示设置"。单击"时间轴显示设置"按钮可以打开其子菜单,如图 2-15 所示,可以设置需要显示的选项。

图 2-13 时间显示区　　图 2-14 输入时间

图 2-15 "时间轴显示设置"按钮子菜单

时间标尺用于显示序列的时间。时间标尺上的编辑线用于定义序列的时间,拖动时间线滑块可以在"节目"监视器中浏览影片内容。时间显示区最下方的灰色条形滑块有两个功能:单击滑块中间部分并左右移动滑块调节所显示的视频位置;单击滑块右侧深灰色小正方形部分并左右拉伸来控制标尺的精度,改变时间单位。

2）轨道区

轨道用来放置和编辑视频、音频素材。用户可对现有的轨道进行添加和删除操作，还可将它们任意地锁定、隐藏、扩展和收缩。

影视编辑经常涉及多条音轨的编辑，如旁白音频、同期对话音频、环境音频等。将这些声音各自独立放置在不同的音轨上会使编辑工作更加清晰便捷。当音频是伴随视频一同录制的同期声时，剪辑时要在视频轨道部分单击鼠标右键解除音视频链接，这样对音频的编辑（剪切或删除等）不会对相应的视频部分产生影响。

5. "字幕"窗口

单击"字幕"菜单，执行"新建字幕"命令，打开"字幕"窗口，如图2-16所示。"字幕"窗口由"字幕""字幕工具""字幕动作""字幕样式"和"字幕属性"等区域组成。

图2-16　"字幕"窗口

6. "效果"窗口

在"效果"窗口中可以直接应用多种视频特效、音频特效和转场效果。"效果"窗口提供的主要效果分别为"预设""音频效果""音频过渡""视频效果"和"视频过渡"5类，如图2-17所示。

图2-17　"效果"窗口

2.2.2 首选项参数设置

首选项参数设置主要用于对程序的工作设置进行控制，使程序的使用更符合用户的操作习惯或编辑需要，提高工作效率。

1. "常规"选项卡

选择"编辑"→"首选项"→"常规"选项，即可打开"首选项"对话框并显示"常规"选项卡，如图 2-18 所示。该选项卡中的选项主要用于对程序的一些基本工作属性进行设置。

（1）启动时：选择程序启动时是打开欢迎屏幕还是打开最近编辑过的项目文件。

（2）视频过渡默认持续时间：设置在添加视频过渡效果时，过渡效果的默认持续时间。

（3）音频过渡默认持续时间：设置在添加音频过渡效果时，过渡效果的默认持续时间。

（4）静止图像默认持续时间：设置将静止图像素材加入"时间轴"窗口中时的默认持续时间。

（5）时间轴播放自动滚动屏：设置在执行播放预览时，时间指针播放到当前窗口末尾时的滚屏方式。

（6）时间轴鼠标滚动：设置在滚动鼠标中键（滑轮）时，时间轴窗口的滚动方向是水平的还是垂直的。

（7）启用对齐时在时间轴内对齐播放指示器：勾选该选项，在"序列"菜单中选择"对齐"命令时，可以在"时间轴"窗口中移动素材剪辑靠近时间指针时，吸附并对齐到时间指针所在位置。

（8）显示未链接剪辑的不同步指示器：勾选该选项，在序列中包含断开链接的素材剪辑时，显示不同步时间指针。

（9）渲染预览后播放工作区：勾选该选项，在执行渲染预览后，播放当前序列的工作区范围。

（10）默认缩放为帧大小：勾选该选项后，在加入"时间轴"窗口中的素材画面尺寸与序列的帧画面大小不一致时，自动将素材的画面尺寸缩放到与影片画面的比例一致。

（11）素材箱：设置在"项目"窗口中对素材箱文件夹的相关操作方式。

（12）显示"剪辑不匹配警告"对话框：勾选该选项，在加入"时间轴"窗口中的素材在画面尺寸、帧速率等属性与当前序列的设置不一致时，将弹出提示对话框，可以根据需要选择匹配处理方式。

①更改序列设置：更改序列的属性设置与素材剪辑一致。

②保持现有设置：不改变序列设置，保持素材的原本属性。

（13）显示工具提示：勾选该选项，在将鼠标指针移动到窗口中的任意功能按钮上时，将弹出对应的名称提示框。

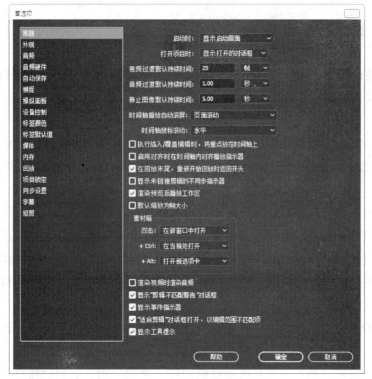

图 2-18 "常规"选项卡

2. "外观"选项卡

该选项卡中的选项用于对软件界面进行明暗调节，将滑块向左移动变暗，将滑块向右移动则变亮。单击"默认"按钮，将恢复软件的界面默认灰度。

3. "音频"选项卡

该选项卡中的选项主要用于对音频混合、音频关键帧优化等参数进行设置。

（1）自动匹配时间：设置音频素材加入序列中时，自动对齐停靠的时间间隔长度。默认为1秒，即表示在拖动音频素材剪辑时，将自动对齐到每隔1秒的整数位置。

（2）5.1混音类型：设置在制作5.1声道的影片项目时，输出影片文件的音频主声道混音位置。

（3）搜索时播放音频：勾选该选项，在"时间轴"窗口中拖动时间指针时将同步播放所经过位置的音频。

（4）时间轴录制期间静音输入：勾选该选项，在录制期间，电脑系统的线路输入变为静音，只录取麦克风声音。

（5）自动峰值文件生成：勾选该选项，在执行渲染预览时，自动生成音频波形峰值文件。

（6）默认音频轨道：设置各种类型的音频轨道中的默认声道模式。"使用文件"表示保持音频素材自身的声道模式；选择其他选项，则可强制该音频素材的声道模式为目标模式。

（7）自动关键帧优化：设置创建音频关键帧动画时的播放优化。

①线性关键帧细化：勾选该选项，自动优化以线性插值模式创建的关键帧的数量。

②减少最小时间间隔：勾选该选项，将按照在下面输入的自定义时间值来优化关键帧数量。

（8）大幅度音量调整：设置可以对音频素材进行音量提高的最大值。

（9）音频增效工具管理：单击该按钮，可以在打开的"音频增效工具管理器"对话框中导入外部的音频增效程序并对其进行管理，方便为影片中的音频内容应用更多样的变化效果。

4．"音频硬件"选项卡

该选项卡中的选项用于设置程序工作时所应用的音频硬件。

5．"自动保存"选项卡

该选项卡中的选项用于设置程序的自动保存参数。

（1）自动保存项目：勾选该选项，程序将在编辑过程中根据设置的时间执行自动保存项目，用于在需要时恢复到之前某个阶段的编辑状态。

（2）自动保存时间间隔：设置执行自动保存的时间间隔，单位为分钟。时间间隔越短，则自动保存越密集。

（3）最大项目版本：设置程序自动保存项目文件的最大数量。自动保存所生成的项目文件，存放在与工作项目文件相同的目录下的"Adobe Premiere Pro Auto_ Save"文件夹中。当自动保存的文件到达最大数量后，新生成的自动保存文件将从第一个开始重新覆盖保存。

6．"捕捉"选项卡

该选项卡中的选项用于设置进行模拟视频信号的采集捕捉时的参数。

（1）丢帧时终止捕捉：勾选该选项，在捕捉模拟视频信号时如果出现丢帧情况，将自动中止。

（2）报告丢帧：勾选该选项，在捕捉中出现丢帧情况时，将生成日志报告文件，记录丢帧情况。

（3）仅在未成功完成时生成批处理日志文件：勾选该选项，只在捕捉进程没有完成时才生成批处理日志文件。

（4）使用设备控制时间码：勾选该选项，在捕捉过程中启用所连接的外部采集来控制当前时间码。

7．"操纵面"选项卡

该选项卡中的选项用于在计算机连接外部媒体控制设备时添加对应的工作协议（EUCON 或 MacKie），可以通过外部设备上的衰减控制器、旋钮或按钮，实现对程序中音轨混合器面板、音频剪辑混合器面板上对应功能的控制。该选项通常只在专业录音室或大型影视后期合成系统中使用。

8．"设备控制"选项卡

该选项卡中的选项用于设置捕捉视频素材时所使用的硬件设备。

9．"标签颜色"选项卡

该选项卡中的选项用于定制程序中标签颜色的名称和对应的颜色值。单击其中的颜色块，在弹出的拾色器窗口中可以设置需要的颜色并为该颜色设置容易辨识的名称。

10．"标签默认值"选项卡

该选项卡中的选项用于将程序中各个需要应用标签颜色的对象指定为"标签颜色"选项卡中定制的颜色。

11．"媒体"选项卡

该选项卡中的选项用于设置影片项目编辑过程中的媒体缓存文件的存放位置及相关设置。

（1）媒体缓存文件：勾选"如果可能，将媒体缓存文件保存在原始文件旁边"复选框，可以使生成的缓存文件自动保存在与项目文件相同的目录中，单击"浏览"按钮，可以在弹出的对话框中对缓存文件的保存目录进行重新指定。

(2)媒体缓存文件数据库：单击"浏览"按钮，可以对程序工作过程中生成的缓存数据库文件重新指定保存目录。单击"清理"按钮，可以清除之前生成的单缓存数据库文件。

(3)不确定的媒体时基：对于不确定播放速率的媒体素材，可以在此下拉列表中为其指定一个速率进行强制应用。

(4)时间码：选择编辑素材剪辑时采用时间码的方式，可以选择使用媒体素材自身的或默认程序的。

(5)帧数：设置编辑素材剪辑时的起始帧位置，默认为从 0 开始。

(6)导入时将 XMP ID 写入文件：勾选该选项，导入素材时将元数据 ID 写入素材。

(7)启用剪辑与 XMP 元数据连接：勾选该选项，激活素材与元数据的实时连接。

(8)自动刷新生成文件：勾选该选项，程序将应用下方设置的间隔时间对缓存生成的文件进行自动刷新。

12."内存"选项卡

该选项卡中的选项用于调整系统内存的分配。

(1)内存：该选项中显示了电脑系统中工作内存的大小，以及可用 Adobe 程序的内存大小，调整"为其他应用程序保留的内存"数值，可以对系统工作内存的分配进行修改。

(2)优化渲染为：在该下拉列表中选择"性能"选项，即采用性能优先模式工作内存；选择"内存"选项则根据系统内存的可用大小进行分配优化。

13."回放"选项卡

该选项卡中的选项用于设置在外部视频设备中回放影片项目的相关参数。

(1)预卷：设置在外部设备中播放影片时，影片起始预先运转到的时间位置。

(2)音频/视频设备：指定需要播放影片项目的外部设备。

14."同步设置"选项卡

该选项卡中的选项用于设置需要进行同步到空间的内容。

15."字幕"选项卡

该选项卡中的选项用于对"字幕"窗口中的相关选项进行设置。

(1)样式色板：用于设置"字幕"窗口中"字体样式"下拉列表中的范例文字，默认为 Aa，可以修改为自定义的字符，例如修改为 Ce。

(2)字体浏览器：设置在"字体样式"下拉列表中用以示例各字体效果的范例文字，默认为 AaegZz，可以修改为自定义的字符，例如修改为 Apple。

16."修剪"选项卡

该选项卡中的选项用于设置对素材剪辑进行修剪时的相关选项。

大修剪偏移：设置修剪监视器窗口中执行大幅修剪的帧数，默认为 5 帧，可以修改为自定义的帧数，例如修改为 15 帧。

下方的文本框用于设置修剪音频轨道中的音频时，执行大幅修剪的音频时间长度，默认为 100，可以修改为自定义的数值，例如修改为 10。

任务3 创建新项目

项目是一个包含了序列和相关素材的 Premiere Pro 文件，它与其包含的素材之间存在链接关系。其中储存了序列和素材的一些相关信息和编辑操作的数据。

2.3.1 新建项目

选择"文件"→"新建"→"项目"命令,新建项目并关闭当前项目,如图 2-19 所示,打开"新建项目"对话框,如图 2-20 所示,用户需要在其中对项目的一般属性进行设置,并在对话框下方的"位置"和"名称"文本框中设置该项目在磁盘中的存储位置和项目名称。

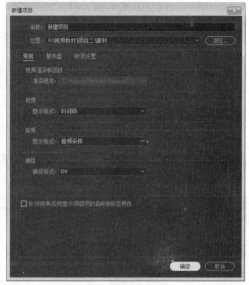

图 2-19 关闭当前项目　　图 2-20 "新建项目"对话框

2.3.2 项目设置

"新建项目"对话框中有"常规""暂存盘"和"收录设置"3 个选项卡。

1. "常规"选项卡

在该选项卡中可以设置"视频渲染和回放""视频显示格式""音频显示格式"和"捕捉格式",如图 2-21 所示。

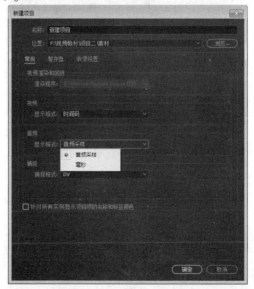

图 2-21 "常规"选项卡

2. "暂存盘"选项卡

在"暂存盘"选项卡中可以设置"捕捉的视频""捕捉的路径""视频预览""音频预览""项目自动保存"和"CC库下载",如图2-22所示。

图2-22 "暂存盘"选项卡

3. "收录设置"选项卡

该选项卡默认是禁用收录,如图2-23所示。

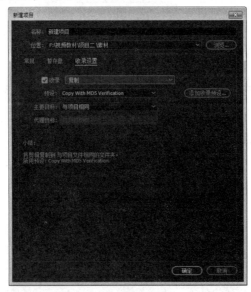

图2-23 "收录设置"选项卡

课后习题

一、填空题

在（　　　）面板中,可以直接导入素材文件和创建的项目文件,并且可以预览素材。

二、简答题

1. Premiere Pro CC 2017 工作环境包含几个面板?

2. 用 Premiere Pro CC 2017 编辑影片的工作流程是什么?

项目总结与知识点梳理

本项目介绍了 Premiere Pro CC 2017 基础知识,包括的系统安装要求、安装方法以及工作界面。

任务序号	任务名称	知识点
1	Premiere Pro CC 2017 系统要求以及安装	Premiere Pro CC 2017 系统安装要求和方法
2	Premiere Pro CC 2017 的工作界面	Premiere Pro CC 2017 的工作界面、首选项参数设置
3	创建新项目	新建项目、项目设置

项目三

视频编辑基础

本项目介绍 Premiere Pro CC 2017 非线性编辑的基础知识。对视频文件进行编辑操作时，首先需要创建项目，在编辑软件中导入素材，然后对这些素材进行剪辑、管理、修改等基础操作，为制作影片特效奠定基础。对影片素材进行编辑和修剪是 Premiere Pro CC 2017 强大功能的主要体现。在 Premiere Pro CC 2017 中，对视频素材的编辑包括分割、排序、修剪等多种操作。此外，用户还可以利用编辑工具对素材进行更加高级的编辑操作，最终完成整部影片的剪辑与制作。

任务1 视频素材文件编辑的基本方法

3.1.1 操作序列

在 Premiere Pro CC 2017 中，序列是子项目，也是一种素材。在序列中可以编辑视频，对视频、音频素材进行组织，应用效果等。序列又可以当作素材导入另一个序列，如果项目比较复杂，可以做成多个序列，最后拼成一个总序列，这样可以避免一条时间轴上存在过多的素材片段。在"项目"窗口中，序列的图标是 。

1. 新建序列

方法一：在"项目"窗口的空白处单击鼠标右键，在弹出的菜单中选择"新建项目"→"序列"选项，如图 3-1 所示。

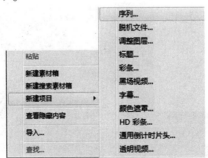

图 3-1 新建序列菜单

在弹出的"新建序列"对话框中，选择"DV-PAL"→"标准 48kHz"选项，然后单击"确定"按钮，新建序列的效果如图 3-2 所示。

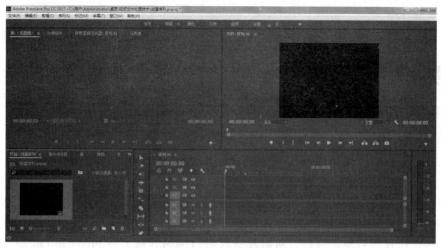

图3-2 新建序列的效果

方法二：单击"项目"窗口中的"新项目"按钮，然后在弹出的菜单中选择"序列"选项，如图3-3所示。

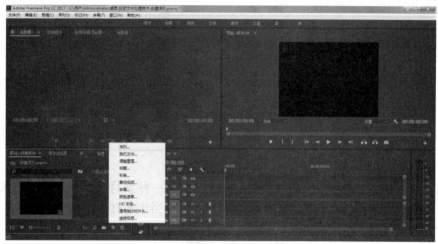

图3-3 弹出菜单中的"序列"选项

方法三：在菜单栏中执行"文件"→"新建"→"序列"命令或按"Ctrl+N"组合键，如图3-4所示。

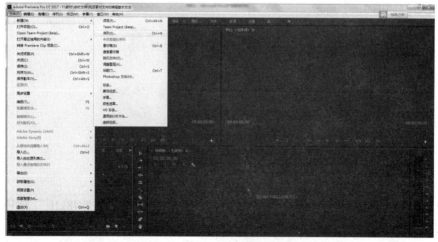

图3-4 菜单中的新建序列命令

方法四：如果项目中没有任何序列，可以将素材拖至"时间轴"窗口，Premiere Pro CC 2017 会自动创建一个与素材同名，且时间长度一致的序列，并将该素材添加到该序列的时间轴中，效果如图 3-5 所示。

图 3-5 拖动素材创建序列的效果

2. 编辑序列

1）选择序列

（1）选择单个序列：在"项目"窗口中，在需要选择的序列名称上单击一次，就可以选中一个序列。

（2）选择多个不连续的序列：在"项目"窗口中，在按住 Ctrl 键的同时，依次单击需要选择的序列。

（3）选择多个连续的序列：在"项目"窗口中，在按住 Shift 键的同时，分别单击第一个和最后一个序列，就会选中这两个序列及其中间的所有序列。

2）复制序列

方法一：选中要复制的序列，按"Ctrl + C"组合键复制，按"Ctrl + V"组合键粘贴。

方法二：选中要复制的序列，执行"编辑"→"复制"/"编辑"/"粘贴"命令。

方法三：选中要复制的序列，在序列名称上单击鼠标右键，执行"复制""粘贴"命令。

3）重命名序列

在 Premiere Pro CC 2017 中，复制的序列与原序列名称一样，可以给新复制的序列重命名。

方法一：在"项目"窗口中，双击序列名称，序列名称就变成可编辑状态，输入新名称，如图 3-6 所示，然后按 Enter 键即可。

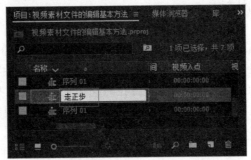

图 3-6 重命名序列

方法二：在"项目"窗口中，选中需要重命名的序列，然后执行"剪辑"→"重命名"命令，输入新名字，按 Enter 键，如图 3-7 所示。

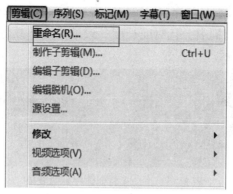

图 3-7 "重命名"命令

4)删除序列

方法一:选中要删除的序列,然后按 Delete 键。

方法二:选中要删除的序列,然后执行"编辑"→"清除"命令。

5)添加素材到序列

首先将时间轴切换到要插入素材的序列,确定插入素材的位置,然后在要插入的素材上单击鼠标右键,执行快捷菜单中的"插入"命令,如图 3-8 所示。

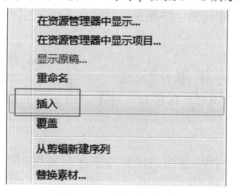

图 3-8 "插入"命令

3.1.2 使用时间轴

扫码看微课

在 Premiere Pro CC 2017 的众多窗口中,居核心地位的是"时间轴"窗口,在"时间轴"窗口中,可以把视频片段、静止图像、声音等组合起来,创作各种特效。

在 Premiere Pro CC 2017 中,要改变素材在时间轴上的位置,只要沿轨道拖动即可;还可以在时间轴的不同轨道之间移动素材。需要注意的是,上层的视频或图像可能遮盖下层的视频或图像。

1. 重命名轨道

在 Premiere Pro CC 2017 中可以重命名轨道,但是需要先将轨道展开,展开轨道的方法是,将鼠标移动到要重命名的轨道上,向上滚动鼠标的滚轮,然后就可以看到轨道名称,如图 3-9 所示。

图 3-9 轨道名称

在轨道名称上单击鼠标右键，执行快捷菜单中的"重命名"命令，如图 3-10 所示，输入新的轨道名称，按 Enter 键即可。

图 3-10　"重命名"命令

2. 添加单独的轨道

在 Premiere Pro CC 2017 中，可以添加单独的视频轨道和单独的音频轨道。添加单独的视频轨道的方法是，用鼠标右键单击已有的视频轨道的空白处，执行快捷菜单中的"添加单个轨道"命令即可，如图 3-11 所示。添加单独的音频轨道的方法同上，只是需要用鼠标右键单击已有的音频轨道的空白处。

图 3-11　"添加单个轨道"命令

3. 同时添加视频轨道和音频轨道

在 Premiere Pro CC 2017 中，可以同时添加视频轨道和音频轨道，当用户将包含音频的视频素材拖到时间轴时，Premiere Pro CC 2017 会同时将视频放在视频轨道，将音频放在音频轨道，且视频轨道和音频轨道的序号一致。用鼠标右键单击视频轨道或音频轨道的空白处，在弹出的快捷菜单中执行"添加轨道"命令，也可以同时添加视频轨道和音频轨道，这时会弹出"添加轨道"对话框，如图 3-12 所示，"添加"后输入添加的视频轨道或音频轨道的个数，在"放置"后选择视频轨道或音频轨道放置的位置，然后单击"确定"按钮即可。

图 3-12 "添加轨道"对话框

4. 删除轨道

在 Premiere Pro CC 2017 中，用鼠标右键单击轨道的空白处，在弹出的快捷菜单中有"删除单个轨道"和"删除轨道"两个命令，"删除单个轨道"命令只删除当前选中的单个轨道，执行"删除轨道"命令会弹出图 3-13 所示的对话框，选择"删除视频轨道"选项，然后在下方的下拉列表中选择要删除的轨道，如果选择"所有空轨道"选项，会将所有的空轨道删除。

图 3-13 "删除轨道"对话框

5. 锁定轨道

锁定轨道功能可以让编辑好的轨道处于锁定状态，不被误操作。单击轨道上的"锁定"按钮■，如图 3-14 所示，被锁定的轨道上会出现斜线条纹。

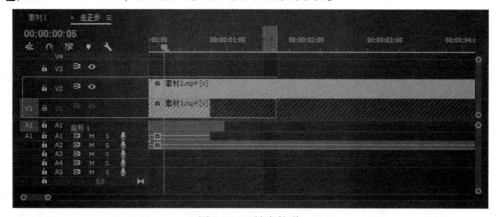

图 3-14 锁定轨道

6. 时间轴的平移

方法一：按 H 键，或者在工具箱中单击手形图标，切换为手形工具可以平移时间轴。

方法二：通过时间轴下方的滑动条，如图 3-15 所示，可实现时间轴的平移或缩放。将鼠标移至滑动条的圆形手柄上，按住鼠标左键拖动，可以放大或缩小时间轴：向左拖动，放大显示时间轴，如图 3-16 所示；向右拖动，缩小显示时间轴，如图 3-17 所示。

图 3-15　时间轴下方的滑动条

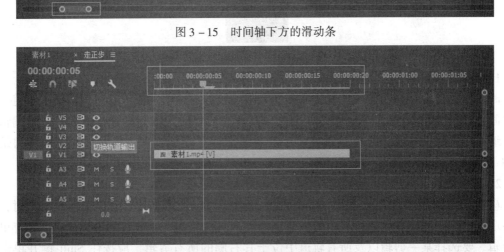

图 3-16　放大显示时间轴

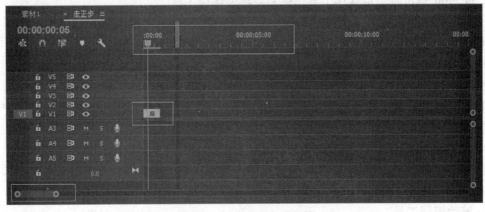

图 3-17　缩小显示时间轴

方法三：通过鼠标的滚轮也可以平移时间轴，但平移速度较慢。

3.1.3　使用工具面板

Premiere Pro CC 2017 的工具面板中的工具主要用于编辑时间轴中的素材文件。应用时，在工具面板中所要应用的工具上单击或者按键盘上的快捷键即可，如图 3-18 所示。

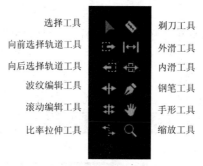

图 3-18 工具面板

1. 缩放工具

时间轴的长度是随着插入素材的增多而无限增长的。选中缩放工具，直接单击轨道可放大时间轴；按 Alt 键，单击轨道可缩小时间轴。放大后，时间轴刻度分化更细，便于编辑细节；缩小后时间轴刻度分化比较粗，便于宏观编辑。不论是放大还是缩小，序列时间是不变的。

2. 选择工具

（1）向前选择轨道工具：按"Shift + A"组合键可以选择单独轨道。选择此工具时，可选择序列中位于光标右侧的所有剪辑。要选择某一剪辑及其轨道中右侧的所有剪辑，应单击该剪辑。要选择某一剪辑以及所有轨道中位于其右侧的所有剪辑，应按住 Shift 键并单击该剪辑。按 Shift 键可将轨道选择工具切换到多轨道选择工具。

（2）向后选择轨道工具：按"Shift + A"组合键，只是选择光标左边的所有剪辑而不是右面的。

3. 剃刀工具

使用剃刀工具可以将一段视频分为两个或多个视频片段，便于分别对视频进行特效处理。单击"剃刀工具"按钮，鼠标变成一个刀片图形，此时可以在"时间轴"窗口中调整时间指示器滑块以确认视频分割的位置，然后将鼠标移至该位置。

4. 波纹编辑工具

选择此工具时，可修剪时间轴内某剪辑的入点或出点。波纹编辑工具可关闭由编辑导致的间隙，并可保留对修剪剪辑左侧或右侧的所有编辑。

5. 滚动编辑工具

选择此工具时，可在"时间轴"窗口内的两个剪辑之间滚动编辑点。滚动编辑工具可修剪一个剪辑的入点和另一个剪辑的出点，同时保留两个剪辑的组合持续时间不变。与波纹编辑工具不同，用滚动编辑工具改变某片段的入点或出点，相邻素材的出点或入点也相应改变，以使影片的总长度不变。

将光标放到轨道里某一片段的开始处，当光标变成红色的向右中括号时，按下鼠标左键向左拖动可以使入点提前，使该片段增长（前提是被拖动的片段入点前面必须有余量可供调节），同时前一相邻片段的出点相应提前，长度缩短；按下鼠标左键向右拖动可以使入点拖后，使该片段缩短，同时前一片段的出点相应拖后，长度增加（前提是前一相邻片段出点前面必须有余量可供调节）。

6. 比率拉伸工具

用比率拉伸工具拖拉轨道里片段的首尾，可使该片段在出点和入点不变的情况下加快或减慢播放速度，从而缩短或增长时间长度。更精确的方法是选中轨道里的某片段，然后单击鼠标右键，在弹出的快捷菜单里选择"速度/持续时间"选项，在弹出的"素材速度/持续时间"对话框里进行调节。

7. 钢笔工具

选择钢笔工具，在"时间轴"窗口内的视频轨道或音频轨道上单击，可以在单击处创建关键帧。在关键帧的菱形点处单击鼠标右键，可以在快捷菜单中选择淡入和淡出等特效。

8. 滑动工具

滑动工具与错落工具正好相反，将滑动工具放在轨道里的某个片段里拖动，被拖动的片段的出、入点和长度不变，而前一相邻片段的出点与后一相邻片段的入点随之发生变化，被挤向前或被推向后，前提是前一相邻片段的出点后与后一相邻片段的入点前有必要的余量可供调节，而影片的长度不变。

9. 手形工具

用手形工具可以拖动"时间轴"窗口里轨道的显示位置。要注意的是，轨道里的片段本身不会发生任何改变。

3.1.4 剪辑素材

1. 设置入点、出点

在 Premiere Pro CC 2017 中，可以为源素材和序列设置入点和出点，设置后可以便捷地选择所需要的素材部分。此时影片的起点称为"入点"，影片的结束点称为"出点"。

方法一：双击"项目"窗口中的素材文件，然后单击"素材源"监视器中的"播放"按钮或直接拖动时间轴滑块，接着在需要设置入点的位置，单击"入点"按钮设置入点。在设置出点的位置，单击"出点"按钮设置出点。设置入点、出点效果如图 3-19 所示。

图 3-19 设置入点、出点的效果

方法二：在需要设置入点的位置，执行"标记"→"标记入点"命令，设置入点；在需要设置出点的位置，执行"标记"→"标记出点"命令，设置出点，如图 3-20 所示。

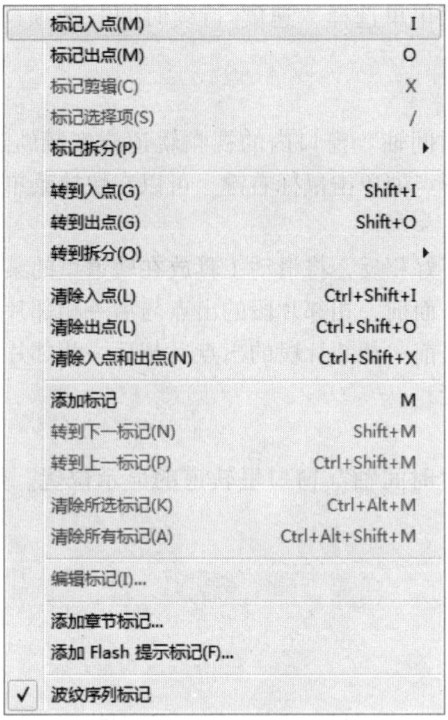

图 3 – 20　"标记入点""标记出点"命令

2. 快速定位素材的入点、出点

执行"标记"→"转到入点"命令和"转到出点"命令，如图 3 – 21 所示，此时会自动定位素材的入点和出点，效果如图 3 – 22、图 3 – 23 所示。

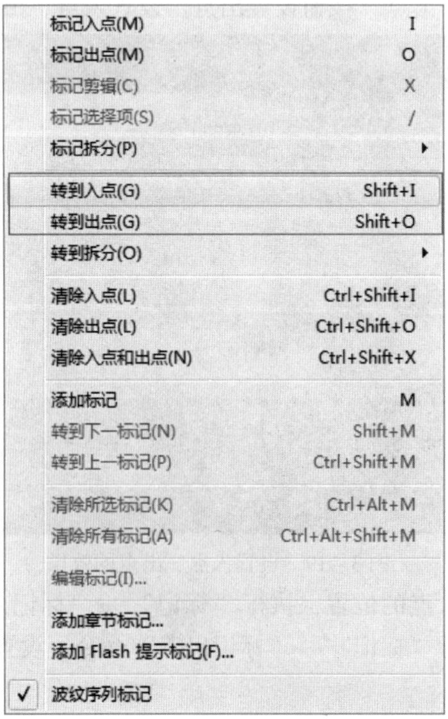

图 3 – 21　"转到入点"和"转到出点"命令

图 3-22 "转到入点"效果

图 3-23 "转到出点"效果

3. 清除入点、出点

清除入点、出点的方法是,在菜单中执行"标记"→"清除入点"或"清除出点"命令,如图 3-24 所示。

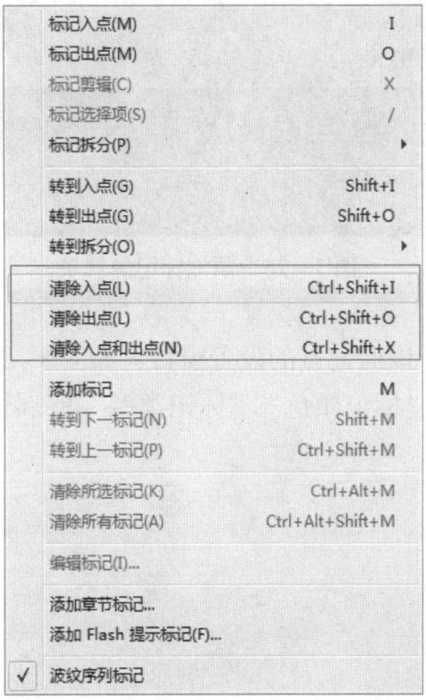

图 3-24 "清除入点"和"清除出点"命令

4. 设置标记点

在使用 Premiere Pro CC 2017 进行编辑时，很多时候需要对素材设置无编号和有编号标记点，以起到标记素材的作用。

单击"素材源"监视器中的"播放"按钮或直接拖动时间轴滑块，接着在需要设置标记的位置，单击窗口下面的"添加标记"按钮，如图 3-25 所示；也可以执行"标记"→"添加标记"命令，可多次单击设置多个标记点，效果如图 3-26 所示。

图 3-25 "添加标记"按钮

图 3-26 添加标记的效果

5. 设置标记点属性

双击任意标记点可以打开该标记点的设置窗口，如图 3-27 所示。在该窗口中可以为此标记点设置"名称""注释""标记颜色""标记类型"等属性，最后单击"确定"按钮即可，效果如图 3-28 所示。

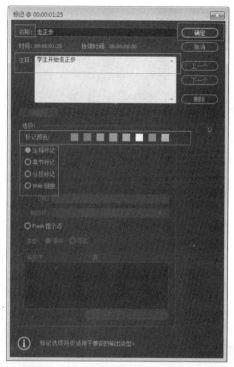

图 3-27　设置标记点属性

图 3-28　设置标记点属性的效果

3.1.5　课堂案例：制作学生军训视频

本案例练习在 Premiere Pro CC 2017 中设置入点和出点来剪辑素材，使用"自动匹配序列"命令，将素材按照需要的顺序放在序列的时间轴上。

步骤 1：新建项目"学生军训"，导入素材"彩排.mp4""走正步.mp4""军训休息.mp4"3 个视频。新建"序列 1"，"项目"窗口如图 3-29 所示。

图3-29 "项目"窗口效果

步骤2：双击"项目"窗口中的"彩排.mp4"视频的图标，使该素材在"源素材"监视器中显示，将"时间指示器"调整至"00；00；04；09"，然后单击该窗口下方的"设置入点"按钮，再将"时间指示器"调整至"00；00；11；29"，然后单击该窗口下方的"设置出点"按钮，效果如图3-30所示。

图3-30 为"彩排.mp4"设置入点和出点

步骤3：方法同步骤2，分别为"走正步.mp4"设置入点为"00；00；02；02"，设置出点为"00；00；07；11"，如图3-31所示；为"军训休息.mp4"设置入点为"00；00；02；08"，设置出点为"00；00；11；15"，如图3-32所示。

图3-31 为"走正步.mp4"设置入点和出点

图 3-32 为"军训休息.mp4"设置入点和出点

步骤 4：在"项目"窗口中，按住 Ctrl 键，同时依次单击"走正步.mp4""军训休息.mp4""彩排.mp4"，选中 3 个素材，然后单击"项目"窗口中的 ≡ 按钮，执行快捷菜单中的"自动匹配序列"命令，如图 3-33 所示。

图 3-33 "自动匹配序列"命令

步骤 5：弹出"序列自动化"对话框，设置参数如图 3-34 所示。其中"顺序"设置为"选择顺序"，Premier Pro CC 2017 会将 3 个视频按照刚才鼠标单击的顺序放置到时间轴。此时，时间轴效果如图 3-35 所示。预览视频会发现 3 个视频按照设置的入点和出点被剪辑，并且视频之间的切换自动添加了转场效果。

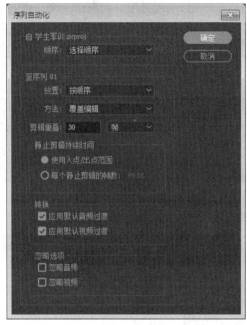

图3-34 "序列自动化"对话框

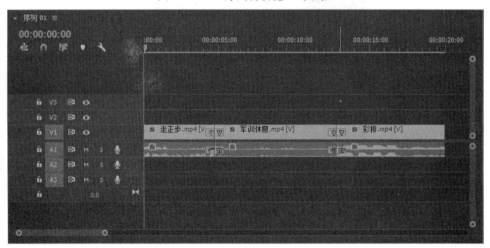

图3-35 时间轴效果

任务 2　视频编辑高级技巧

3.2.1　截取视频中的某个图像

扫码看微课

在 Premiere Pro CC 2017 中可以"导出帧"命令,截取视频中的某一帧保存为图像,作为视频中的定格帧的素材使用。首先在"素材源"监视器中将时间轴滑块定位到需要的帧,然后单击"素材源"监视器下方的工具栏中的"导出帧"按钮,如图 3-36 所示。

图 3-36　"导出帧"按钮

在弹出的"导出帧"对话框中,(如图 3-37 所示),可以看到导出帧的名称,默认名称包含素材名、帧位置,可以输入用户自定义的名称。导出的图像格式可以是 BMP、DPX、GIF、JPEG、OpenEXR、PNG、Targa 及 TIFF8 种格式,默认是 BMP。单击对话框中的"浏览"按钮可以设置图像保存的位置。如果勾选对话框中的"导入到项目中"复选框,系统会直接将该帧的图像导入"项目"窗口的素材中,如图 3-38 所示。

图 3-37　"导出帧"对话框

图 3-38　导出帧到素材

3.2.2　删除部分影片内容

扫码看微课

在"节目"监视器中,Premiere Pro CC 2017 提供了"提升"和"提取"两种功能按钮,以便快速删除序列内的某个部分。

1. "提升"操作

使用 Premiere Pro CC 2017 中的"提升"操作可以从序列内删除部分视频素材内容,并且删除部分形成一个空白的间隙。操作前首先要打开要修改的序列内容,然后分别在所要删除部分的首帧和尾帧位置处设置入点和出点,如图 3-39 所示。

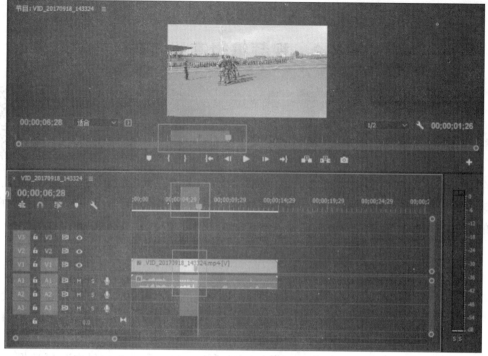

图 3-39　设置入点和出点

单击"节目"监视器下面的工具栏中的"提升"按钮，即可将入点与出点区间内的视频内容删除，如图 3-40 所示。无论出点和入点区间内有多少视频内容，都将在执行"提升"操作时被删除。

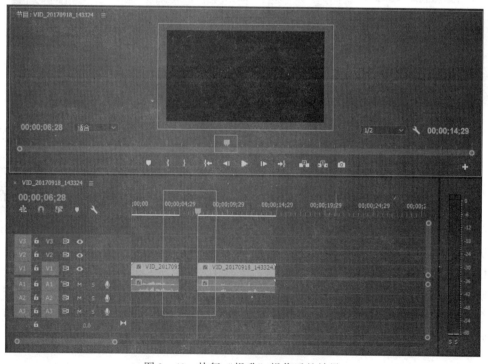

图 3-40　执行"提升"操作后的效果

2. "提取"操作

"提取"操作可以在删除部分序列内容的同时删除由此产生的间隙，从而缩短序列持续时间。在"节目"监视器中为序列设置入点与出点后,单击"提取"按钮,效果如图 3-41 所示。

图 3-41 执行"提取"操作后的效果

3.2.3 将剪辑好的素材插入序列

扫码看微课

将素材导入"素材源"监视器中,便可以在该监视器内对素材进行剪辑并添加到序列中。下面详细介绍一下素材的"插入"和"覆盖"操作。

1. "插入"操作

首先在"时间轴"窗口中,确认要插入素材的位置,然后在"素材源"监视器中,设置要插入视频的入点和出点,然后单击"素材源"监视器下方工具栏中的"插入"按钮 , 如图 3-42 所示。将素材添加至序列中,效果如图 3-43 所示。

图 3-42 执行"插入"操作前

— 53 —

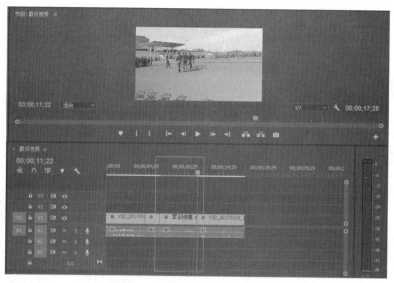

图 3-43　执行"插入"操作后

2. "覆盖"操作

"覆盖"操作与"插入"操作不同，当采用覆盖编辑的方式在时间轴上已有素材中添加新素材时，新素材将会从序列当前时间指示器处替换相应时间的视频片段。其操作方法与"插入"操作一样，只是此时需要单击"覆盖"按钮，如图 3-44 所示，执行"覆盖"操作后效果如图 3-45 所示。其结果可使时间轴上的原有素材内容减少。

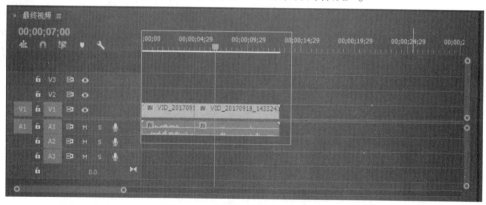

图 3-44　执行"覆盖"操作前

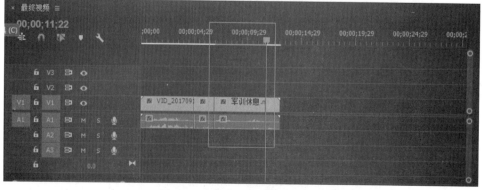

图 3-45　执行"覆盖"操作后

3.2.4 课堂案例：视频快放、倒放及定格

本案例练习在 Premiere Pro CC 2017 中修改视频文件的快放，倒放及定格效果。"剪辑"菜单中的"视频选项"和"速度/持续时间"选项，如图 3-46 所示。

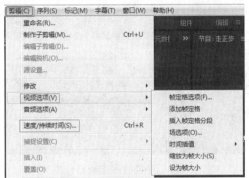

扫码看微课

图 3-46 "剪辑"菜单

步骤 1：启动 Premiere Pro CC 2017，新建项目，名称为"任务 2 课堂案例 1"，如图 3-47 所示，然后单击"确定"按钮。

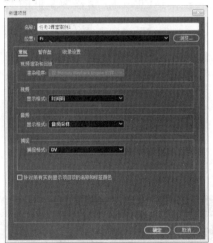

图 3-47 新建项目

步骤 2：双击"项目"窗口，导入素材"走正步.mp4"，然后将素材拖到"时间轴"窗口，软件自动创建一个与素材同名的序列，如图 3-48 所示。

图 3-48 创建序列的效果

步骤3：设置播放指示器位置为"00；00；07；24"，如图3-49所示。

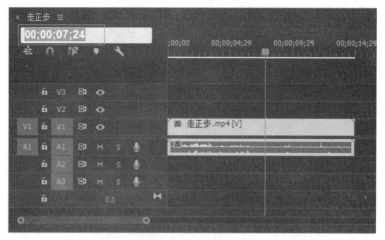

图3-49 设置播放指示器位置

步骤4：单击时间轴上的视频，选中视频，然后执行"剪辑"→"视频选项"→"插入帧定格分段"命令，如图3-50所示，时间轴效果如图3-51所示。此时预览视频会发现视频中7'24"处出现一段时间的静止，其他视频正常播放，此时时间轴上的视频被分为3段。

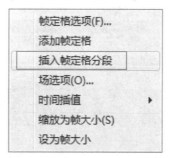

图3-50 "插入帧定格分段"命令

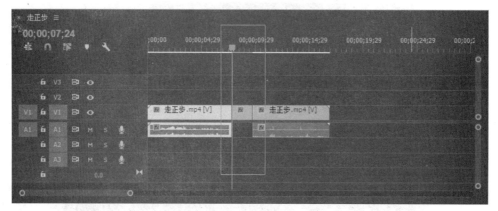

图3-51 时间轴效果

步骤5：在时间轴上用鼠标右键单击第一段视频，选择快捷菜单中的"速度/持续时间"选项，如图3-52所示，弹出"剪辑速度/持续时间"对话框，设置如图3-53所示。"速度"后的参数设置为"200%"，视频会快放，快放速度是原来的2倍，同时视频的播放时间为原来的一半，第一段视频在时间轴上缩短为原来的一半，与后面的视频在时间轴上会有空隙，此时选择"波纹编辑，移动尾部剪辑"选项，软件会自动将第一段视频后面的视频前移，使时间轴上不会因为调整视频播放时间而产生空隙。时间轴效果如图 3-54 所示。

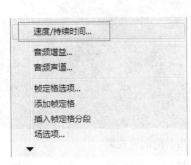

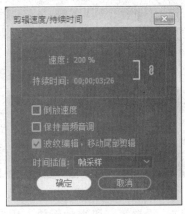

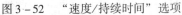

图 3-52　"速度/持续时间"选项　　　图 3-53　"剪辑速度/持续时间"对话框设置

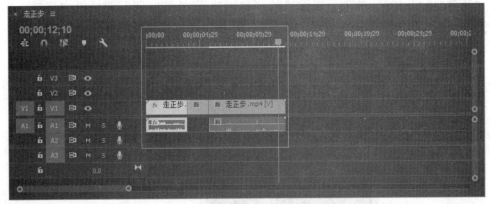

图 3-54　设置快放后的时间轴效果

步骤 6：修改定格帧播放时间。用鼠标右键单击时间轴上的第二段视频，选择快捷菜单中的"速度/持续时间"选项，在弹出的"剪辑速度/持续时间"对话框中，修改"持续时间"为 5 秒，如图 3-55 所示，然后单击"确定"按钮。时间轴效果如图 3-56 所示。此时预览视频，定格帧会播放 5 秒。

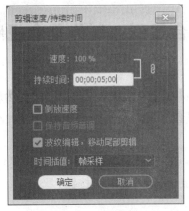

图 3-55　"剪辑速度/持续时间"对话框设置

Adobe Premiere Pro CC 2017 案例教程

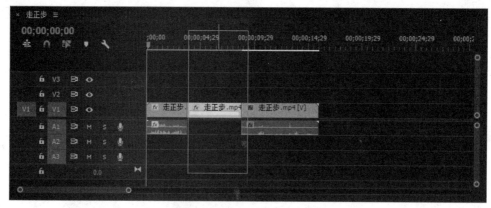

图 3-56　修改定格帧播放时间后的时间轴效果

步骤 7：设置第三段视频倒放。用鼠标右键单击时间轴上的第三段视频，选择快捷菜单中的"速度/持续时间"选项，在弹出的"剪辑速度/持续时间"对话框中选择"倒放速度"选项，然后单击"确定"按钮，如图 3-57 所示。预览视频，视频一开始会快放一段，然后定格帧 5 秒，最后一段倒放。

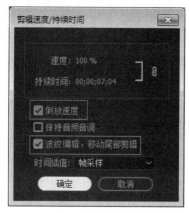

图 3-57　"剪辑速度/持续时间"对话框设置

任务 3　综合案例：制作美食视频

扫码看微课

本案例练习在 Premiere Pro CC 2017 中导入图片素材，然后制作 3 张图片轮流播放的视频，使用"嵌套"命令制作嵌套序列以及使用"缩放为帧大小"命令调整视频帧大小与素材图片大小的尺寸匹配。

步骤 1：启动 Premiere Pro CC 2017，新建项目"制作美食视频"，"新建项目"对话框参数设置如图 3-58 所示，然后单击"确定"按钮。

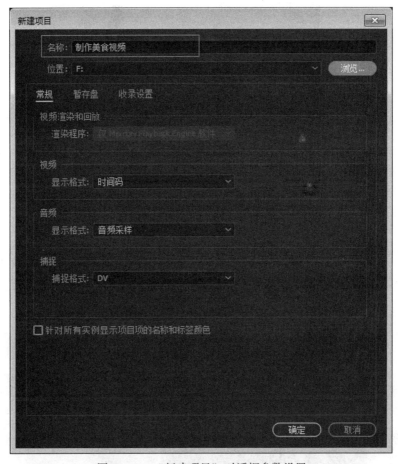

图 3-58 "新建项目"对话框参数设置

步骤 2：双击"项目"窗口，打开"导入"对话框，选择 3 张素材图片，然后单击"打开"按钮，如图 3-59 所示，导入 3 张素材图片，"项目"窗口效果如图 3-60 所示。

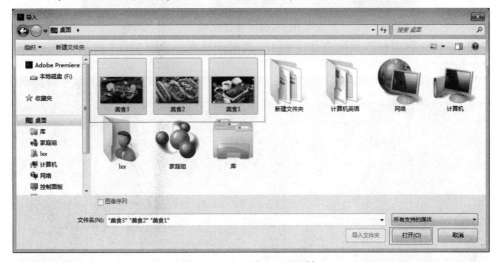

图 3-59 "导入"对话框

图 3-60 "项目"窗口效果

步骤3：单击"项目"窗口下方的"新建项"按钮，在弹出的快捷菜单中选择"序列"选项，如图 3-61 所示，新建"序列 1"。

图 3-61 新建序列

步骤4：将 3 张素材图片拖至"序列 1"的时间轴上，如图 3-62 所示。

图 3-62 将素材添加到序列的效果

步骤5：导入的素材图片大小与帧大小不匹配，选择时间轴上的3张素材图片，单击鼠标右键，执行快捷菜单中的"缩放为帧大小"命令，如图3-63所示，效果如图3-64所示。

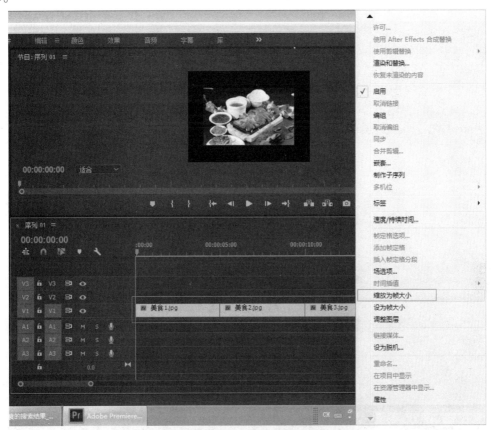

图3-63 "缩放为帧大小"命令

图3-64 "缩放为帧大小"命令的执行效果

步骤6：再次选择时间轴上的3张素材图片，单击鼠标右键，执行快捷菜单中的"嵌套"命令，如图3-65所示，弹出"嵌套序列名称"对话框，如图3-66所示，单击"确定"按钮，3张素材图片合成到一个嵌套序列中的一个轨道上，嵌套序列效果如图3-67所示。在嵌套序列的时间轴上单击即可打开嵌套序列，如图3-68所示。预览视频，会发现3张素材图片轮流播放。

图 3-65 "嵌套"命令

图 3-66 "嵌套序列名称"对话框

图 3-67 嵌套序列效果

图 3-68 嵌套序列 01 效果

课后习题

一、选择题

1. 在默认的情况下，Premiere Pro CC 2017 为素材设定入点、出点的快捷键是（　　　　）。
A. I 和 O　　　　B. R 和 C　　　　C. < 和 >　　　　D. + 和 –

2. 在 Premiere Pro CC 2017 中，使用缩放工具时按（　　　）键，可缩小显示。
A. Ctrl　　　　B. Shift　　　　C. Alt　　　　D. Tab

3. 在 Premiere Pro CC 2017 中，下面哪个选项不是导入素材的方法（　　　　）。
A. 执行"文件"→"导入"命令或直接按"Ctrl + I"组合键
B. 在"项目"窗口中的任意空白位置单击鼠标右键，在弹出的快捷菜单中执行"导入"命令
C. 直接在"项目"窗口中的空白处双击
D. 在浏览器中拖入素材

二、简答题

1. "时间轴"窗口的主要功能是什么？

2. 工具箱中各工具的具体作用是什么？

项目总结与知识点梳理

本项目除了对编辑影片素材时用到的各种选项与面板进行介绍外,还对创建新元素、剪辑素材和多重序列的应用等内容进行了讲解,以使用户能够更好地学习使用 Premiere Pro CC 2017 编辑影片素材的方法与技巧。

任务序号	任务名称	知识点
1	视频素材文件编辑基本方法	创建序列、更改序列、滚动序列、添加轨道、删除轨道、剃刀工具、波纹编辑工具、滚动编辑工具、自动匹配序列
2	视频编辑高级技巧	导出帧、提升、提取、插入、覆盖、速度/持续时间、插入帧定格分段
3	综合案例:制作美食视频	缩放为帧大小、嵌套序列

项目四

视频转场技术

视频转场是制作电视、电影或编辑视频时的镜头和镜头切换中加入的过渡效果。视频转场可以将所有视频素材有序地连接起来，提升整部作品的流畅感，丰富整个作品的内容，使作品所表达的思想更加突出，并增加影视作品的感染力。本项目主要对 Premiere Pro CC 2017 中比较常用的视频转场技术进行详细介绍。通过本项目的学习，读者可以掌握视频转场的使用方法和技巧，并能综合运用视频转场效果创作优秀的作品。

任务 1　视频转场概述

影片在内容上的结构层次是通过段落 表现的。段落与段落之间、场景与场景之间的过渡或转换称为视频转场。视频转场不仅可以使影片更加连贯、完整，还可以为影片添加各种视觉效果以丰富影片的画面，增加影片的感染力。

4.1.1　转场的概念及作用

1. 转场的概念

构成影片的最小单位是镜头，一个个镜头连接在一起形成的镜头序列叫作段落。段落具有某个单一的、相对完整的意思，如表现一个动作过程，表现一种相关关系，表现一种含义等，它是影片中一个完整的叙事层次，就像戏剧中的幕、小说中的章节一样，一个个段落连接在一起，就形成了完整的影片。段落是影片最基本的结构形式，影片在内容上的结构层次是通过段落表现出来的。而段落与段落、场景与场景之间的过渡或转换，叫作转场。

转场也称为场面转换，其实就是从一个场景转换到下一个场景的过程。它就像论文中的分段叙述一样，重点需要过渡和衔接。它也像舞台剧中的幕一样，用来划分故事章节。

2. 转场的作用

两个不同场景的镜头组接会使观众感到太突然，当在两个镜头之间添加淡入淡出的转场效果后，观众会意识到前一个镜头即将结束，这样便在视觉上产生了连续性。

对于电影来说，由于一个场面是一段电影时空，所以转场的目的就在于转换时空，一方面是为了分割不同的场面，另一方面是为了增强故事的时间性、连贯性，通过转场的方式让电影的叙述更流畅、条理更清晰，从而使故事进展清晰而自然。

4.1.2　转场的方法

1. 无技巧转场

无技巧转场是用镜头自然过渡来连接上、下两段内容的，主要适用于蒙太奇镜头段落之间的转换。与情节段落转换时强调的心理的隔断性不同，无技巧转场强调的是视觉的连续性。并不是任何两个镜头都可应用无技巧转场方法，运用无技巧转场方法需要注意寻找合理的转换因素和适当的造型因素。无技巧转场的方法主要有以下几种。

1）两极镜头转场

前一个镜头的景别与后一个镜头的景别恰是两个极端。例如：前一个是特写，后一个是全景或远景；前一个是全景或远景，后一个是特写。

效果：强调对比。

2）同景别转场

前一个场景结尾的镜头与后一个场景开头的镜头的景别相同。

效果：观众注意力集中，场面衔接紧凑。

3）特写转场

无论前一组镜头的最后一个镜头的景别是什么，后一组镜头都从特写开始。

其特点是，对局部进行突出强调和放大，展现平时在生活中用肉眼看不到的景别。其称为"万能镜头""视觉的重音"。

4）声音转场

用音乐、音响、解说词、对白等和画面的配合实现转场。

5）空镜头转场

空镜头是指以刻画人物的情绪、心态为目的，只有景物，没有人物的镜头。空镜头转场具有明显的间隔效果。

其作用是渲染气氛，刻画心理，以及为了叙事的需要，表现时间、地点、季节变化等。

6）封挡镜头转场

封挡是指画面上的运动主体在运动过程中挡死了镜头，使观众无法从镜头中辨别被摄物体对象的性质、形状和质地等物理性能。

7）相似体转场

（1）非同一个，但同一类。

（2）非同一类，但有造型上的相似性，如飞机和海豚、汽车和甲壳虫。电影《放牛班的春天》《疯狂的石头》中都有相似体转场。

8）地点转场

地点转场可满足场景的转换，比较适合新闻类节目。其根据叙事的需要，不顾及前、后两个画面之间是否具有连贯因素而直接切换（使用硬切）。

9）运动镜头转场

其指摄影机不动，主体运动；或摄像机运动，主体不动；或两者均运动。

运动镜头转场真实、流畅，可以连续展示一个又一个空间的场景，是纪录片创作的有力武器。

10）同一主体转场

前、后两个场景用同一物体来衔接，上、下镜头有一种承接关系。

11）出画入画转场

前一个场景的最后一个镜头主体走出画面，后一个场景的第一个镜头主体走入画面。

12）主观镜头转场

前一个镜头是人或物去看，后一个镜头是人或物所看到的场景。具有一定的强制性和主观性。此转场方法要慎用。

13）逻辑因素转场

前、后镜头具有因果、呼应、并列、递进、转折等逻辑关系，这样的转场合理自然、有理有据，在电视片、广告片中运用较多。

2. 技巧转场

1）淡入淡出

淡出是指上一段落最后一个镜头的画面逐渐隐去直至黑场，淡入是指下一段落第一个镜头的画面逐渐显现直至正常的亮度。实际编辑时，应根据影片的情节、情绪、节奏的要求来决定。有些影片中淡出与淡入之间还有一段黑场，给人一种间歇感。

2）缓淡（减慢）

缓淡强调抒情、思索、回忆等情绪，可以放慢渐隐速度或添加黑场。

3）闪白（加快）

闪白起掩盖镜头剪辑点的作用，增加视觉跳动。

4）划像（二维）

划像也称扫换，可分为划出与划入。前一画面从某一方向退出屏幕称为划出，下一个画面从某一方向进入屏幕称为划入。根据画面进、出屏幕的方向不同，划像可分为横划、竖划、对角线划等。划像一般用于两个内容意义差别较大的段落转换。

5）翻转（三维）

翻转指画面以屏幕中线为轴转动，前一段落为正面画面消失，而背面画面转到正面开始另一画面。翻转用于对比性较强的两个段落。

6）定格

定格指将画面运动主体突然变为静止状态。其作用如下：

（1）强调某一主体的形象、细节；

（2）制造悬念、表达主观感受；

（3）强调视觉冲击力，一般用于片尾或较大段落的结尾。

7）叠化

叠化指前一个镜头的画面与后一个镜头的画面叠加，前一个镜头的画面逐渐隐去，后一个镜头的画面逐渐显现的过程。在影视编辑中，叠化的主要功能为：（1）用于时间的转换，表示时间的消逝；（2）用于空间的转换，表示空间已发生变化；（3）用叠化表现梦境、想象、回忆等插叙、回叙场合。

前一个镜头逐渐模糊直至消失，后一个镜头逐渐清晰，直到完全显现。两个镜头在化入化出的过程中有几秒时间的重叠，产生柔和舒缓的表现效果。镜头质量不佳时，可借助叠化冲淡镜头缺陷。

8）多画屏分割

多画屏分割可产生空间并列对比的艺术效果，从而深化内涵。

9）运用空镜头

运用空镜头转场的方式在影视作品中很常见，特别在一些老电影中，当英雄人物壮烈牺牲之后，画面经常接转苍松翠柏、高山大海等空镜头，这主要是为了让观众在情绪发展到高潮之后能够回味作品的情节和意境。

任务 2 添加和编辑转场特效

4.2.1 转场特效简介

1. 浏览转场特效

Premiere Pro CC 2017 中的"效果"面板中的"视频过渡"文件夹中存储了所有的转场特效，如图 4-1 所示。要查看"效果"面板可以选择"窗口""效果"选项，然后单击菜单栏下面的工作区切换按钮，工作区切换至效果编辑模式。为了查看转场的分类列表，可以单击"视频过渡"文件夹前面的箭头图标。Premiere Pro CC 2017 把转场分为 7 大类，放置在不同的子文件夹中，包括"3D 运动""划像""擦除""溶解""滑动""缩放""页面剥落"。"效果"面板将所有的转场特效都组织到了各个子文件夹中。如果要查看某个转场特效文件夹中的内容，单击文件夹左边的箭头图标即可。当文件夹打开时，箭头图标将指向下方，单击这个向下的箭头图标可以关闭文件夹。

图 4 - 1　"效果"面板

2. 搜索转场特效

如果不知道转场特效所在的子文件夹，可以在"效果"面板的搜索栏中输入要查找的转场效果名称。输入转场效果名称时可以不输入完整的名称，输入一个搜索词后，Premiere Pro CC 2017 将显示包含搜索词的所有转场特效，例如输入"翻转"，搜索效果如图 4 - 2 所示。

图 4 - 2　"效果"面板搜索效果

3. 管理常用的转场特效

为了方便地找到常用的转场特效，可以创建一个自定义文件夹，然后把经常使用的转场特效放在这个文件夹中。创建新的文件夹的方法是单击"效果"面板底部的"新建自定义素材箱"按钮，或者单击"效果"面板右上角的快捷按钮，执行快捷菜单中的"新建自定义素材箱"命令,如图 4-3 所示。单击新建的文件夹名称可以重命名,如图 4-4 所示。

图 4-3 "效果"面板快捷菜单

图 4-4 重命名素材箱

用鼠标左键将常用的转场特效直接拖动到新建的素材箱中即可,如图 4-5 所示。如果要删除一个自定义的文件夹,可以选中文件夹,然后单击"效果"面板底部的"删除自定义项目"按钮,弹出"删除项目"对话框,如图 4-6 所示,单击"确定"按钮就可以删除这个文件夹。

图 4-5 添加转场特效到新建素材箱

图 4-6 "删除项目"对话框

4.2.2 添加转场特效

扫码看微课

下面通过3张素材图片轮流播放的案例,如图4-7所示,讲述添加转场特效的方法。

图4-7 素材图片

启动 Premiere Pro CC 2017,新建项目"添加转场",导入"风光 1. jpg;""风光 2. jpg;""风光 3. jpg;"3张素材图片,然后新建"序列1",将3张素材图片拖至"序列1"的时间轴,效果如图4-8所示。

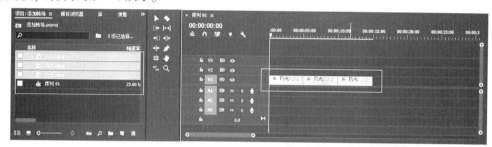

图4-8 新建项目

单击"效果"按钮,将操作界面切换到"效果"面板,如图4-9所示。

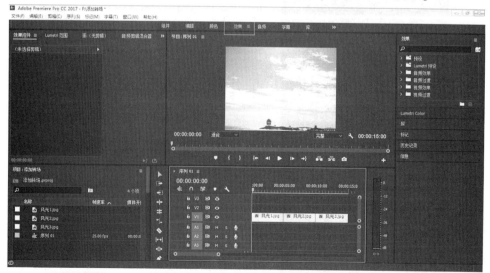

图4-9 "效果"面板

执行"效果"面板→"视频过渡"→"3D运动"→"翻转"命令,如图4-10所示。

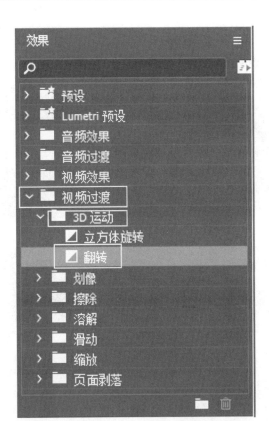

图4-10 "翻转"命令

用鼠标左键将"翻转"转场特效拖至"序列1"时间轴的"风光1"和"风光2"之间,这时会出现绿色的区域,如图4-11所示。这样就为两张图片应用了"翻转"转场特效,在两个段落之间会显示转场的名字,如图4-12所示,此时预览视频就可以看到效果,如图4-13所示。

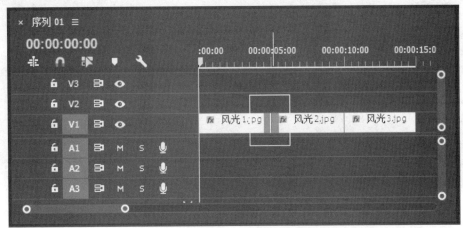

图4-11 将转场特效拖至时间轴

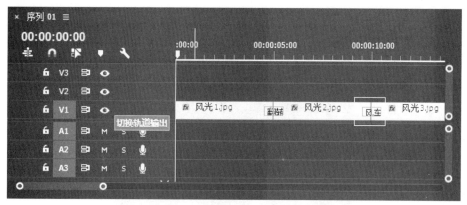

图 4 – 12　在时间轴上添加转场特效

图 4 – 13　视频转场效果

4.2.3　设置转场特效参数

扫码看微课

下面通过一个案例讲解设置转场特效参数的方法。

打开素材文件"设置转场参数.prproj"。双击时间轴上的转场名称,如图 4 – 14 所示,即可打开"设置过渡持续时间"对话框,如图 4 – 15 所示,在该对话框中可以设置转场的时间,然后单击"确定"按钮即可。

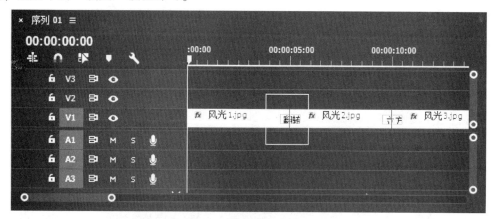

图 4 – 14　时间轴上的转场名称

图 4 – 15　"设置过渡持续时间"对话框

单击"素材源"监视器上方的"效果控件"按钮,如图 4 – 16 所示,切换至转场效果参数设置面板。

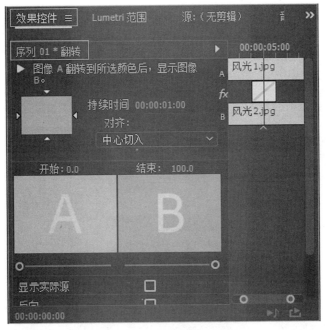

图 4-16 "效果控件"按钮

选择"效果控件"窗口中的"显示实际源"选项,如图 4-17 所示,窗口中会显示原视频影像,代替原来的"A"和"B"。

图 4-17 "显示实际源"选项

单击"效果控件"窗口中的"自定义"按钮,如图 4-18 所示,打开"翻转设置"对话框,如图 4-19 所示,其中"带"默认是"1",修改为"3",转场时会将素材横向切成3份,一并应用转场特效。"填充颜色"默认是灰色,改颜色为转场时视频内无素材区域的颜色,单击后面的蓝色框,打开"拾色器"对话框,选择蓝色,如图 4-20 所示,然后单击"确定"按钮。

图4-18 "自定义"按钮

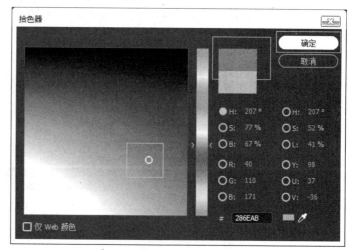

图4-19 "翻转设置"对话框

图4-20 "拾色器"对话框

转场参数设置后的效果如图4-21所示。

图4-21 转场参数设置后的效果

扫码看微课

4.2.4 课堂案例：修改"风车"转场特效

本案例对"风车"转场特效的参数进行修改，如图4-22所示，修改后的效果如图4-

— 74 —

23 所示。

图 4-22　修改前的效果

图 4-23　修改后的效果

步骤 1：打开素材文件"设置转场参数.prproj"，单击时间轴上的转场特效名称"风车"，如图 4-24 所示。

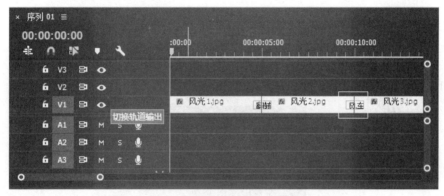

图 4-24　时间轴上的"风车"转场特效

步骤 2：在"效果控件"面板中，"边框宽度"默认为"0"，修改为"1.0"；"边框颜色"默认为"黑色"，修改为"红色"；选择"反向"选项，默认没有选中时风车顺时针旋转，选中则逆时针旋转，如图 4-25 所示。

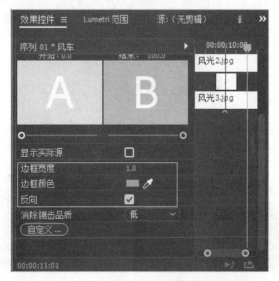

图 4-25　"风车"转场特效参数设置

步骤3：单击"效果控件"面板中的"自定义"按钮，弹出"风车设置"对话框，如图4-26所示，"楔形数量"默认为"8"，修改为"4"，然后单击"确定"按钮。预览视频效果如图4-23所示。

图4-26 "风车设置"对话框

任务3 视频转场特效

4.3.1 3D运动

"3D运动"转场特效主要通过模拟三维空间中的运动来产生过渡效果，包括"立方体旋转"和"翻转"两种转场特效，如图4-27所示。

图4-27 "3D运动"转场特效

"翻转"特效的效果请参照本项目的任务2，"立方体旋转"转场特效的效果如图4-28所示。

图4-28 "立方体旋转"转场特效的效果

4.3.2 划像

"划像"转场特效是将一个素材以各种形状进入另一个素材并替换,包括"交叉划像""圆划像""盒形划像""菱形划像"4种转场特效,如图4-29所示。

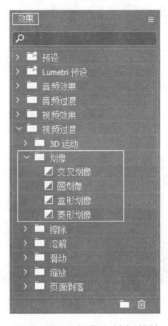

图4-29 "划像"转场特效

1. 交叉划像

该转场特效是素材B以十字形逐渐变大并替换素材A。其参数面板如图4-30所示。

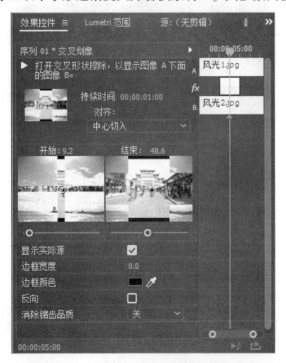

图4-30 "交叉划像"转场特效参数面板

2. 圆划像

该转场特效是素材 B 以一个圆形逐渐变大并替换素材 A。其参数面板如图 4-31 所示。

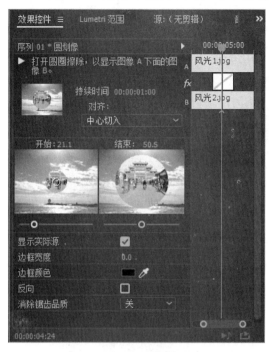

图 4-31 "圆划像"转场特效参数面板

3. 盒形划像

该转场特效是素材 B 以矩形逐渐变大并替换素材 A。其参数面板如图 4-32 所示。

图 4-32 "盒形划像"转场特效参数面板

4. 菱形划像

该转场特效是素材 B 以一个菱形逐渐变大并替换素材 A。其参数面板如图 4-33 所示。

图4-33 "菱形划像"转场特效参数面板

4.3.3 擦除

"擦除"转场特效是将素材A以不同的方式擦除并显示出素材B,包括"划出""双侧平推门""带状擦除""径向擦除""插入""时钟式擦除""棋盘""棋盘擦除""楔形擦除""水波块""油漆飞溅""渐变擦除""百叶窗""螺旋框""随机块""随机擦除"和"风车"17种转场特效,如图4-34所示。

图4-34 "擦除"转场特效

1. 划出

该转场特效是使素材B逐渐擦除素材A并替换。其参数面板如图4-35所示。

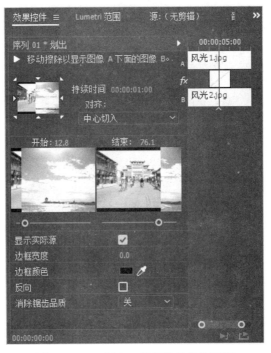

图4-35 "划出"转场特效参数面板

2. 双侧平推门

该转场特效是素材 A 以中心开门的方式擦除，并显示出素材 B。其参数面板如图 4-36 所示。

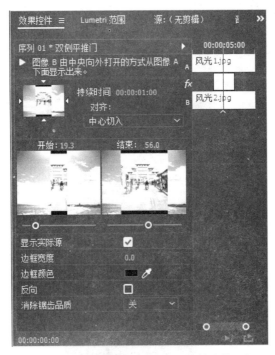

图4-36 "双侧平推门"转场特效参数面板

3. 带状擦除

该转场特效是素材 B 以条状水平进入并覆盖素材 A。其参数面板如图 4-37 所示。单击"自定义"按钮，弹出"带状擦除设置"对话框，如图 4-38 所示。

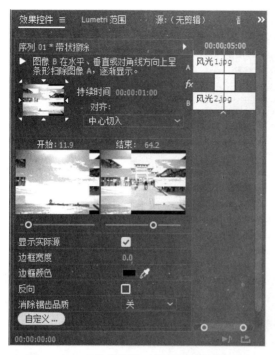

图 4-37 "带状擦除"转场特效参数面板

图 4-38 "带状擦除设置"对话框

4. 径向擦除

该转场特效是素材 B 以画面的一角扫入并逐渐擦除素材 A。其参数面板如图 4-39 所示。

图 4-39 "径向擦除"转场特效参数面板

5. 插入

该转场特效是使素材 B 从画面的左上角插入并替换素材 A。其参数面板如图 4-40 所示。

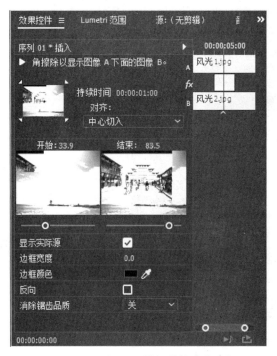

图 4-40 "插入"转场特效参数面板

6. 时钟式擦除

该转场特效是使素材 A 以时钟放置的方式过渡到素材 B。其参数面板如图 4-41 所示。

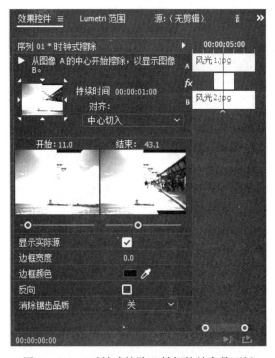

图 4-41 "时钟式擦除"转场特效参数面板

7. 棋盘

该转场特效是素材 B 以棋盘的方式擦除素材 A 并替换。其参数面板如图 4-42 所示。单击"自定义"按钮,弹出"棋盘设置"对话框,如图 4-43 所示。

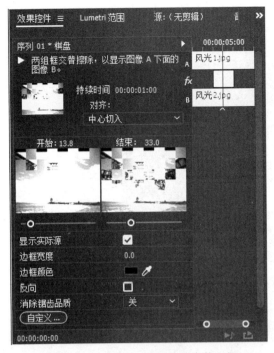

图 4-42 "棋盘"转场特效参数面板

图 4-43 "棋盘设置"对话框

8. 棋盘擦除

该转场特效是素材 B 以方格的形式逐渐擦除素材 A 并替换。其参数面板如图 4-44 所示。单击"自定义"按钮，弹出"棋盘擦除设置"对话框，如图 4-45 所示。

图 4-44 "棋盘擦除"转场特效参数面板

图 4-45 "棋盘擦除设置"对话框

9. 楔形擦除

该转场特效是素材 B 以扇形擦除素材 A 并替换。其参数面板如图 4-46 所示。

图 4-46 "楔形擦除"转场特效参数面板

10. 水波块

该转场特效是素材 B 沿 "Z" 字形交错擦除素材 A 并替换。其参数面板如图 4-47 所示。单击 "自定义" 按钮，弹出 "水波块设置" 对话框，如图 4-48 所示。

图 4-47 "水波块"转场特效参数面板

图 4-48 "水波块设置"对话框

11. 油漆飞溅

该转场特效是素材 B 以涂料泼溅的形式逐渐覆盖素材 A。其参数面板如图 4-49 所示。

图 4-49 "油漆飞溅"转场特效参数面板

12. 渐变擦除

该转场特效是以某一图像的灰度级作为条件将素材 A 逐渐擦除并显示出素材 B。其参数面板如图 4-50 所示。单击"自定义"按钮,弹出"渐变擦除设置"对话框,如图 4-51 所示。

图 4-50 "渐变擦除"转场特效参数面板

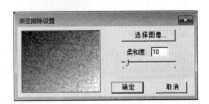

图 4-51 "渐变擦除设置"对话框

13. 百叶窗

该转场特效是素材 B 以百叶窗的形式擦除素材 A 并替换。其参数面板如图 4-52 所示。

单击"自定义"按钮,弹出"渐变擦除设置"对话框,如图4-53所示。

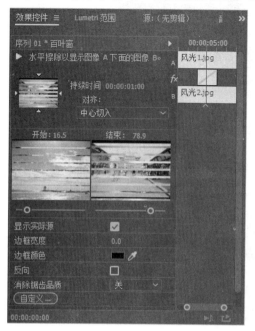

图4-52 "百叶窗"转场特效参数面板　　图4-53 "百叶窗设置"对话框

14. 螺旋框

该转场特效是素材B以螺旋块的方式旋转擦除素材A并替换。其参数面板如图4-54所示。单击"自定义"按钮,弹出"螺旋框设置"对话框,如图4-55所示。

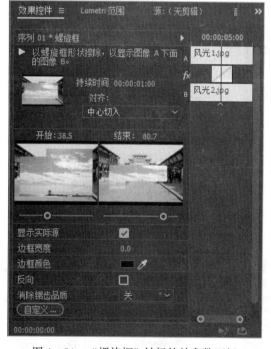

图4-54 "螺旋框"转场特效参数面板　　图4-55 "螺旋框设置"对话框

15. 随机块

该转场特效是素材B以方块形式随机出现覆盖素材A。其参数面板如图4-56所示。单击"自定义"按钮,弹出"随机块设置"对话框,如图4-57所示。

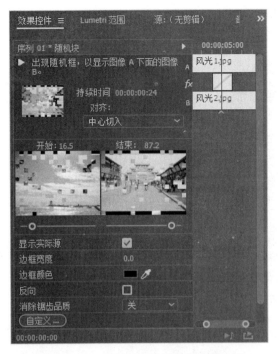

图 4-56 "随机块"转场特效参数设置

图 4-57 "随机块设置"对话框

16. 随机擦除

该转场特效是素材 B 以随机块的方式由上至下逐渐擦除素材 A 并替换。其参数面板如图 4-58 所示。

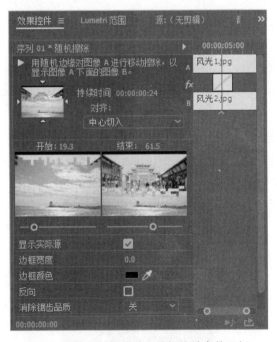

图 4-58 "随机擦除"转场特效参数面板

17. 风车

该转场特效是素材 B 以风车的形式擦除素材 A 并替换。其参数面板如图 4-59 所示。单击"自定义"按钮,弹出"风车设置"对话框,如图 4-60 所示。

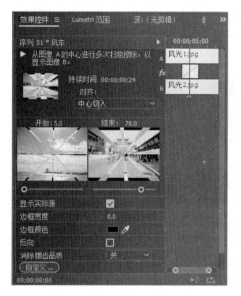

图 4-59 "风车"转场特效参数面板

图 4-60 "风车设置"对话框

4.3.4 溶解

"溶解"转场的主要表现是一个画面逐渐消失,并逐渐显示出另一个画面,包括"MorphCut""交叉溶解""叠加溶解""渐隐为白色""渐隐为黑色""胶片溶解""非叠加溶解"7 种转场特效,如图 4-61 所示。

图 4-61 "溶解"转场特效

1. MorphCut

拍摄对象说话可能会断断续续,经常使用"嗯""唔"等语气词或出现不必要的停顿。

如果不使用跳切或交叉溶解，将无法获得清晰、连续的序列。

通过移除剪辑中不需要的部分，然后应用"Morph Cut"转场特效平滑分散注意力的跳切，以有效清理对话。还可以使用"Morph Cut"转场特效有效地整理访谈素材中的剪辑，以确保平滑的叙事流，而无视觉连续性上的任何跳跃。

"Morph Cut"转场特效采用脸部跟踪和可选流插值的高级组合，在剪辑之间形成无缝过渡。若使用得当，其可以实现无缝效果，以至于看起来就像拍摄视频一样自然，而不存在可能中断叙事流的不需要的暂停或词语。其参数面板如图4-62所示。

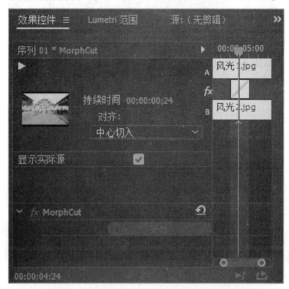

图4-62 "Morph Cut"转场特效参数面板

2. 交叉溶解

该转场特效是素材B和素材A同时淡出和淡入。其参数面板如图4-63所示。效果如图4-64所示。

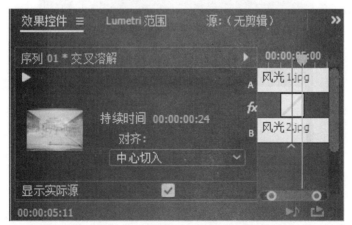

图4-63 "交叉溶解"转场特效参数面板

图4-64 "交叉溶解"转场特效效果

3. 叠加溶解

该转场特效是素材 A 逐渐变亮、淡化，显现出素材 B。其参数面板如图 4-65 所示。

图 4-65　"叠加溶解"转场特效参数面板

4. 渐隐为白色

该转场特效是素材 A 逐渐变白，然后再淡化至消失并显示出素材 B。其参数面板如图 4-66 所示。

图 4-66　"渐隐为白色"转场特效参数面板

5. 渐隐为黑色

该转场特效是素材 A 逐渐变黑，然后再淡化至消失并显现出素材 B。其参数面板如图 4-67 所示。

图 4-67 "渐隐为黑色"转场特效参数面板

6. 胶片溶解

该转场特效是素材 A 逐渐变为透明直至显示出素材 B。其参数面板如图 4-68 所示。

图 4-68 "胶片溶解"转场特效参数面板

7. 非叠加溶解

该转场特效是素材 B 的色相纹理逐渐出现在素材 A 上直至替换素材 A。其参数面板如图 4-69 所示。

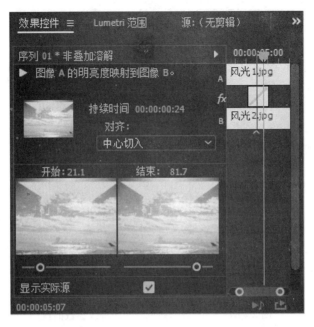

图 4-69 "非叠加溶解"转场特效参数面板

4.3.5 滑动

"滑动"转场特效是一个素材以条状或块状滑动和覆盖另一个素材,包括"中心拆分""带状滑动""拆分""推""滑动"5 种转场特效,如图 4-70 所示。

图 4-70 "滑动"转场特效

1. 中心拆分

该转场特效是使素材 A 从中心分裂为 4 块，向 4 个角移出画面并显现出素材 B。其参数面板如图 4-71 所示。

图 4-71　"中心拆分"转场特效参数面板

2. 带状滑动

该转场特效是素材 B 以条状进入，并逐渐覆盖素材 A。其参数面板如图 4-72 所示。单击"自定义"按钮，弹出"带状滑动设置"对话框，如图 4-73 所示，其中"带数量"文本框用来设置带状的数量。

图 4-72　"带状滑动"转场特效参数面板

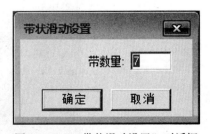

图 4-73　"带状滑动设置"对话框

3. 拆分

该转场特效是素材 A 以中心点分开移出画面，并显示出素材 B。其参数面板如图 4-74 所示。

图 4-74 "拆分"转场特效参数面板

4. 推

该转场特效是素材 B 将素材 A 推出画面。其参数面板如图 4-75 所示。

图 4-75 "推"转场特效参数面板

5. 滑动

该转场特效是素材 B 滑动到素材 A 上面。其参数面板如图 4-76 所示。

图 4-76 "滑动"转场特效参数面板

4.3.6 缩放

"缩放"转场特效只包含"交叉缩放"1 种转场特效，如图 4-77 所示。该转场特效是素材 B 逐渐缩小，素材 A 逐渐放大并进入。其参数面板如图 4-78 所示。

图 4-77 "缩放"转场特效

图 4-78 "交叉缩放"转场特效参数面板

开始和结束位置显示的小圆圈为素材 B 缩小过渡的中心点和素材 A 放大过渡的中心点，可以将中心点进行移动，改变缩小和放大的中心位置。

4.3.7 页面剥落

"页面剥落"转场特效是以纸张翻页等效果进行过渡，包括"翻页"和"页面剥落"两种转场特效，如图 4-79 所示。

图 4-79 "页面剥落"转场特效

1. 翻页

该转场特效是素材 A 以翻页的形式显示出素材 B。其参数面板如图 4-80 所示。

图 4-80 "翻页"转场特效参数面板

2. 页面剥落

该转场特效是素材 A 从一角开始卷起，并显示出素材 B。其参数面板如图 4-81 所示。

图 4-81 "页面剥落"转场特效参数面板

4.3.8 课堂案例：美丽风景

本案例介绍在 Premiere Pro CC 2017 中使用"带状滑动"转场特效的方法。最终效果如图 4-88 所示。

步骤 1：新建项目和序列，然后在"项目"窗口的空白处双击或按"Ctrl + I"组合键，接着在弹出的"导入"对话框中选择所需素材文件，并单击"打开"按钮，如图 4-82 所示。

扫码看微课

图 4-82 导入素材

步骤 2：将"项目"窗口中的"景色 1. jpg;"和"景色 2. jpg;"素材文件拖动到 V1 轨道上，如图 4-83 所示。

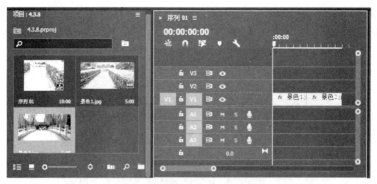

图4-83 将素材拖动到时间轴上

步骤3：分别在"效果控件"面板中设置"景色1.jpg；"和"景色2.jpg；"素材文件的"缩放"属性为"60"，如图4-84所示。

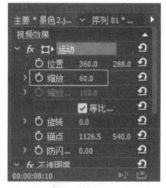

图4-84 设置"缩放"属性

步骤4：在"效果"面板中搜索"带状滑动"转场特效，然后将其拖动到V1轨道的"景色1.jpg；"和"景色2.jpg；"素材文件中间，如图4-85所示。

图4-85 添加"带状滑动"转场特效

步骤5：选择V1轨道上的"带状滑动"转场特效，然后在"效果控件"面板中设置"边框宽度"为"5"，"边框颜色"为白色（R：255，G：255，B：255），如图4-86所示。接着单击"自定义"按钮，在弹出的对话框中设置"切片数量"为"20"，并单击"确定"按钮，如图4-87所示。

图4-86 设置"带状滑动"参数

图4-87 设置"带数量"数值

步骤6：拖动时间轴滑块查看最终效果，如图4-88所示。

图4-88 最终效果

任务4 综合案例：翻页效果

扫码看微课

本案例介绍在 Premiere Pro CC 2017 中使用"页面剥落"转场特效的方法。

步骤1：新建项目和序列，然后在"项目"窗口的空白处双击或按"Ctrl+I"组合键，接着在弹出的"导入"对话框中选择所需素材文件，并单击"打开"按钮，如图4-89所示。

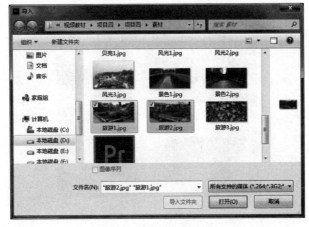

图4-89 导入素材

步骤2：将"项目"窗口中的"旅游1.jpg;"和"旅游2.jpg;"素材文件拖动到V1轨道上，如图4-90所示。

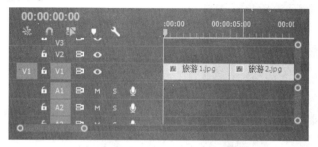

图4-90 将素材拖动到时间轴中

步骤3：分别在"效果控件"面板中设置"旅游1.jpg;"和"旅游2.jpg;"素材文件的"缩放"属性为"57"，如图4-91所示。

图4-91 设置"缩放"属性

步骤4：在"效果"面板中搜索"页面剥落"转场特效，然后将其拖动到V1轨道的"旅游1.jpg;"和"旅游2.jpg;"素材文件中间，如图4-92所示。

图4-92 添加"页面剥落"转场特效

步骤5：此时拖动时间轴滑块查看最终效果，如图4-93所示。

图4-93 最终效果

课后习题

一、选择题

1. 以下哪些切换效果是位于"视频切换效果"下"叠化"组内的转场特效？（　　　）

   A. 叠化

   B. 白场过渡

   C. 随机反转

   D. 抖动叠化

2. 为影片添加转场特效后，可以改变转场的长度，以下关于改变转场长度的描述正确的是（　　　）。

   A. 在时间轴上选中转场部分，拖动其边缘即可

   B. 可以在"特效控制"窗口中对转场部分进行进一步的调整

   C. 当把一个新的转场特效施加到一个现有的转场部分后，两个转场特效将并存，共同影响

   D. 当把一个新的转场特效施加到一个现有的转场部分后，新的转场特效将替换原有的转场特效

3. 以下哪些转场特效属于"划像"转场特效？（　　　）

   A. 点交叉划像

   B. 十字划像

   C. 滑动带条

   D. 形状划像

4. Premiere Pro CC 2017 不仅提供了"视频切换效果"以实现视频间的转场，在"视频特效"中还有一组"过渡"效果，关于这两组转场特效，以下各项描述中正确的是（　　　）。

   A. 在"过渡"中的转场特效只可以施加给一个素材片段

   B. 在"视频切换效果"中的转场特效只可以施加给位于两个相邻轨道上，有重叠部分的两个素材片段

   C. 在"过渡"中的转场特效只有设置关键帧，才能产生过渡效果

   D. 在"视频切换效果"中的转场特效无须设置关键帧

二、简答题

"划像"转场特效提供了几种过渡类型？它们分别是什么？

项目总结与知识点梳理

视频转场特效是 Premiere Pro CC 2017 的重点特效之一，系统默认提供的转场特效达上百种，这些系统自带的转场特效可以省去用户制作镜头过渡效果的时间，极大地提高了用户的工作效率。在编辑影片的过程中，用户可以非常方便地在两个视频素材衔接处添加转场特效，做好影片的衔接与过渡。

任务序号	任务名称	知识点
1	视频转场概述	转场的概念、作用、方法
2	添加和编辑转场特效	添加转场特效的方法、设置转场特效参数
3	视频转场特效	3D 运动、划像、擦除、溶解、滑动、缩放、页面剥落
4	综合案例：翻页效果	页面剥落

项目五

视频特效技术

本项目主要介绍 Premiere Pro CC 2017 的视频特效技术。视频特效可以应用在视频、图片和文字上。用户可以通过为素材片段添加各种特效，使其产生动态的扭曲、模糊、风吹和幻影等效果，还可以弥补视频拍摄过程中产生的曝光过度和色彩问题等画面缺陷，以增强视频作品的视觉效果，使其更加吸引观众。通过本项目的学习，读者可以快速了解并掌握视频特效制作的精髓，从而制作出丰富多彩的视觉效果。

任务1 视频特效概述

5.1.1 认识视频特效

在"效果"面板的"视频效果"选项组中，有一些效果是用来处理视频画面的。这些视频效果不仅可以进行添加与删除，还能进行参数编辑，从而产生不同的画面效果。

5.1.2 视频特效的基本操作

Premiere Pro CC 2017 强大的视频特效使用户可以在原有素材的基础上创建各种各样的艺术效果。而且，应用视频特效的方法也极其简单，用户可以为任意轨道中的素材添加一个或者多个视频特效。

扫码看微课

1. 添加视频特效

Premiere Pro CC 2017 给用户提供了多种视频特效，所有视频特效按照类别被放置在"效果"面板中"视频特效"文件夹的子文件夹中，如图 5-1 所示。这样可以使用户查找指定视频特效时更方便。

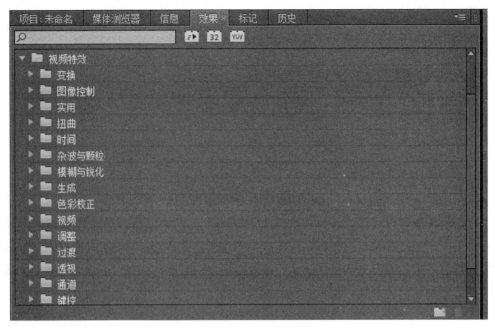

图 5-1 视频特效

为素材添加视频特效的方法主要有两种：一种是利用"时间轴"面板添加；另一种则是利用"效果控件"面板添加。

1）方法一：利用"时间轴"面板添加视频特效

在通过"时间轴"面板为素材添加视频特效时，只需在"视频特效"文件夹内选择所要添加的视频特效后，将其拖拽至视频轨道中的相应素材上即可，如图 5-2 所示。

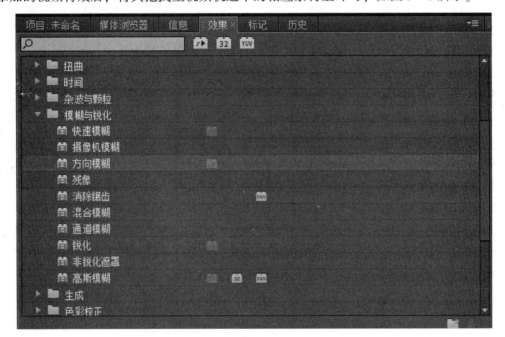

图 5-2 通过"时间轴"面板添加视频特效

2）方法二：利用"效果控件"面板添加视频特效

使用"效果控件"面板为素材添加视频特效是最直观的一种添加方式。因为即使用户为同一段素材添加了多种视频特效，也可以在"效果控件"面板内一目了然地查看这些视频特效。

若要利用"效果控件"面板添加视频特效，只需在选择素材后，从"效果"面板中选择所要添加的视频特效，并将其拖至"效果控件"面板中即可，如图5-3所示。

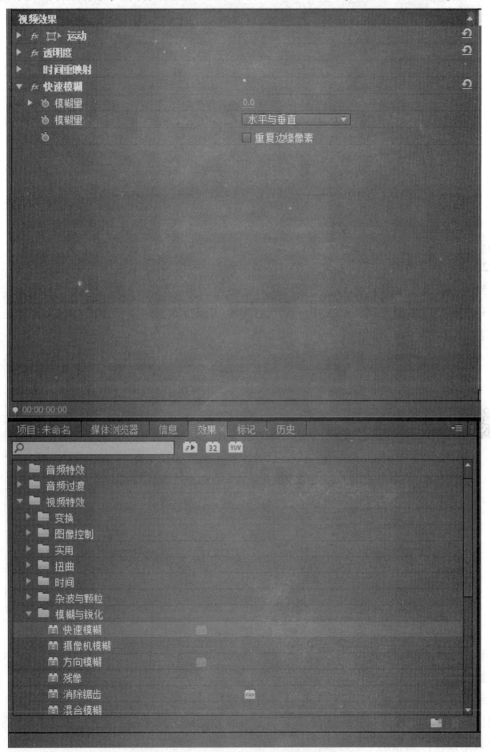

图5-3 "效果控件"面板中的视频特效

若要为同一段素材添加多个视频特效,只需依次将要添加的视频特效拖拽到"效果控件"面板中即可,如图 5-4 所示。

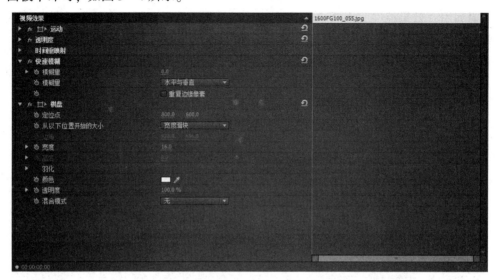

图 5-4　添加多个视频特效

2. 删除视频特效

当不再需要影片剪辑应用的视频特效时,可以利用"效果控件"面板将其删除。操作时,只需在"效果控件"面板中用鼠标右键单击视频特效,执行"清除"命令即可,如图 5-5 所示。

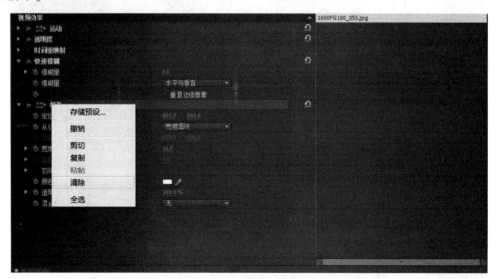

图 5-5　删除视频特效

3. 复制视频特效

当多个影片剪辑使用相同的视频特效时,复制、粘贴视频特效可以减少操作步骤,提高影片编辑的效率。操作时,只需选择源素材特效所在的影片剪辑,并在"效果控件"面板内用鼠标右键单击视频特效,执行"复制"命令。然后,选择新的素材,并用鼠标右键单击"效果控件"面板的空白区域,执行"粘贴"命令即可,如图 5-6 所示。

项目五 视频特效技术

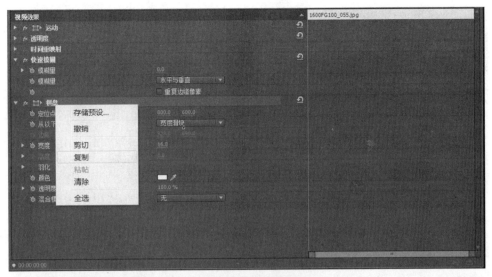

图 5-6 复制、粘贴视频特效

5.1.3 视频特效参数设置

扫码看微课

当影片剪辑应用视频特效后，还可以对其属性参数进行设置，从而使视频特效的表现效果更为突出，为用户打造精彩影片提供更为广阔的创作空间。

选择影片剪辑后，在"效果控件"面板中单击视频特效前的"三角"按钮，即可显示该效果所具有的全部参数，如图 5-7 所示。

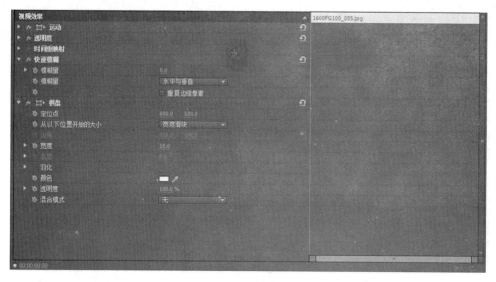

图 5-7　查看效果参数

若要调整某个属性参数，只需单击参数后的数值，使其进入编辑状态后，输入具体数值即可，如图 5-8 所示。

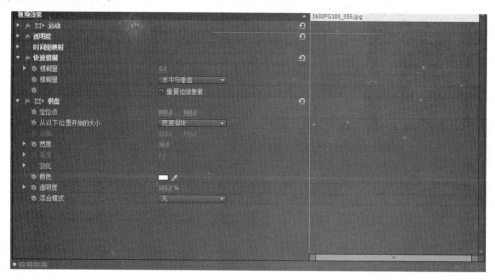

图 5-8　修改参数值

除此之外，展开参数的详细设置面板，还可以通过拖拽其中的指针或滑块来更改该属性的参数值，如图 5-9 所示。

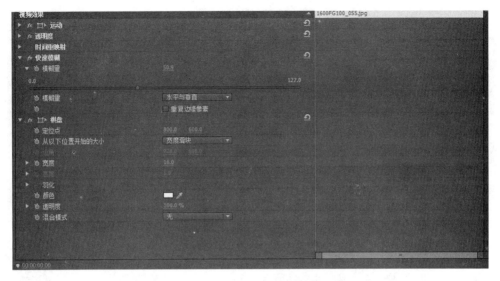

图 5-9　利用滑块调整参数值

在"效果控件"面板内完成属性参数的设置后，视频特效应用于影片剪辑后的效果将即时显示在"节目"监视器中，如图 5-10 所示。

图 5-10　效果显示

在"效果控件"面板中，单击视频特效前的"切换效果开关"按钮，还可以在影片剪辑中隐藏该视频特效的效果，如图 5-11 所示。再次单击"切换效果开关"按钮，即可重新显示影片剪辑应用视频特效的效果。

Adobe Premiere Pro CC 2017 案例教程

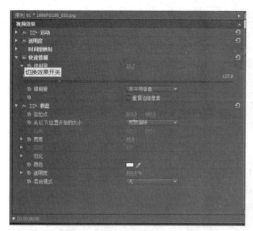
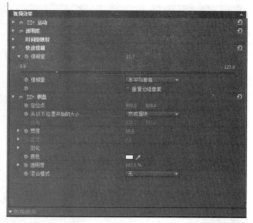

图 5-11　隐藏视频特效的效果

5.1.4　课堂案例：镜头光晕动画

扫码看微课

本案例的最终效果如图 5-12 所示。

图 5-12　镜头光晕动画效果截图

步骤 1：新建一个名为"镜头光晕动画"的项目文件，在"新建序列"对话框中选择"DV-PAL"文件夹下的"宽银幕 48kHz"选项，然后导入"背景"素材，添加到"时间轴"面板的"视频 1"轨道中，并将其适配为当前画面大小，如图 5-13 所示。

图 5-13　导入素材并将其添加到时间轴中

— 110 —

步骤2：打开"效果"面板，将"视频特效"→"生成"文件夹中的"镜头光晕"视频特效拖至时间轴中的"背景"素材片段上，如图5-14所示。

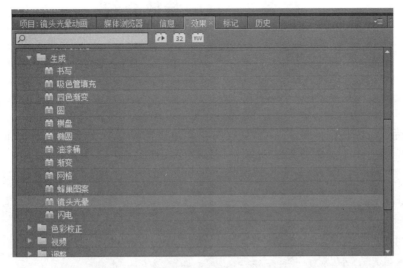

图5-14 为素材添加"镜头光晕"视频特效

步骤3：单击选中时间轴中的"背景"素材片段，然后在"效果控件"面板中展开"镜头光晕"视频特效，单击"光晕中心"和"光晕亮度"左侧的切换动画按钮添加第一个关键帧，并在"光晕中心"属性右侧的"x"编辑框中输入"500"，在"y"编辑框中输入"300"，在"光晕亮度"编辑框中输入"80%"，如图5-15所示。

图5-15 设置第一个关键帧处的镜头光晕参数

步骤4：将"效果控件"面板中的时间指针移至5秒处，然后在"光晕中心"属性右侧的"x"编辑框中输入"1 455"，在"y"编辑框中输入"700"，在"光晕亮度"编辑框中输入"120%"，如图5-16所示。最后保存项目文件并进行输出。

图5-16 设置5秒处的镜头光晕参数

任务 2　视频特效介绍

5.2.1　"色度键"视频特效

该视频特效可以将图像上的某种颜色及相似范围的颜色设为透明，从而显示后面的图像。该视频特效适用于纯色背景的图像。其参数面板如图 5-17 所示。

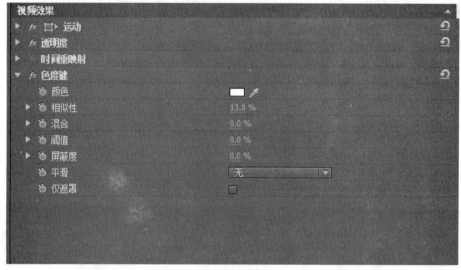

图 5-17　参数面板

"相似性"：用于设置所选颜色的容差度。

"混合"：用于设置透明与非透明边界色彩的混合程度。

"阈值"：用于设置素材中的蓝色背景的透明度。向左拖动滑块将增加素材的透明度，该选项数值为 0 时，蓝色背景将完全透明。

"屏蔽度"：用于设置前景色与背景色的对比度。

"平滑"：用于调整抠像后素材边缘的平滑程度。

"仅遮罩"：勾选此复选框，将只显示抠像后素材的 Alpha 通道。

添加"色度键"视频特效前、后的效果如图 5-18 和图 5-19 所示。

图 5-18　添加视频特效前的效果　　　图 5-19　添加视频特效后的效果

5.2.2 "翻转"视频特效

该视频特效用于使图片发生垂直或者水平方向的翻转。添加"垂直翻转"和"水平翻转"视频特效前、后的效果如图5-20~图5-22所示。

 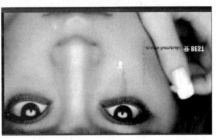

图5-20 添加视频特效前　　图5-21 添加"垂直翻转"视频特效后的效果

图5-22 添加"水平翻转"视频特效后的效果

5.2.3 "高斯模糊"视频特效

该视频特效可以大幅度地模糊图像,使其产生虚化的效果。其参数面板如图5-23所示。

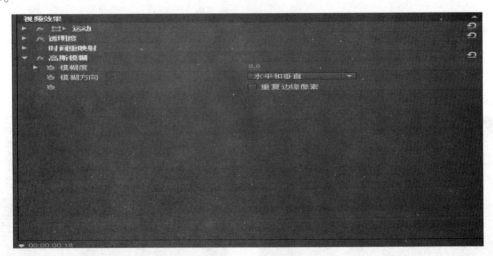

图5-23 参数面板

"模糊度":用于调节影片的模糊程度。

"模糊方向":用于控制图像的模糊尺寸,包括"水平和垂直""水平""垂直"3种方式。

添加"高斯模糊"视频特效前、后的效果如图5-24和图5-25所示。

图5-24 添加视频特效前的效果　　　　图5-25 添加视频特效后的效果

5.2.4 "马赛克"视频特效

该视频特效用若干方形色块填充素材,使素材产生马赛克效果。此视频特效通常用于模拟低分辨率显示或者模糊图像。其参数面板如图5-26所示。

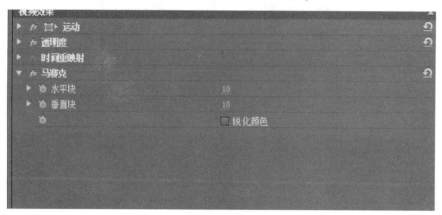

图5-26 参数面板

"水平块":用于设置水平方向上的分割色块数量。
"垂直块":用于设置垂直方向上的分割色块数量。
"锐化颜色":勾选此复选框,可锐化图像素材。
添加"马赛克"视频特效前、后的效果如图5-27和图5-28所示。

图5-27 添加视频特效前的效果　　　　图5-28 添加视频特效后的效果

5.2.5 "彩色浮雕"视频特效

该视频特效通过锐化素材中物体的轮廓，使素材产生彩色的浮雕效果。其参数面板如图 5-29 所示。

图 5-29 参数面板

"方向"：用于设置浮雕的方向。

"凸显"：用于设置浮雕压制的明显高度，实际上就是设置浮雕边缘最大加亮宽度。

"对比度"：用于设置图像内容的边缘锐化程度。如增加对比度的参数值，加亮区会变得更明显。

"与原始图像混合"：该参数值越小，上述设置项的效果越明显。

添加"彩色浮雕"视频特效前、后的效果如图 5-30 和图 5-31 所示。

图 5-30 添加视频特效前的效果

图 5-31 添加视频特效后的效果

5.2.6 "纯色合成"视频特效

该视频特效可以将一种颜色填充合成图像，放置在原始素材的后面。其参数面板如图 5-32 所示。

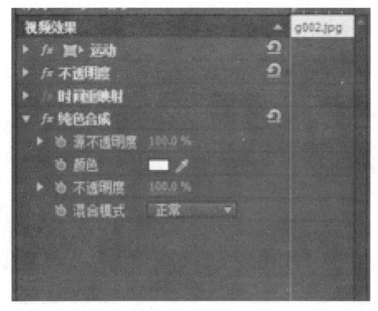

图 5-32　参数面板

"源不透明度":用于指定素材层的不透明度。
"颜色":用于设置新填充图像的颜色。
"不透明度":用于控制新填充图像的不透明度。
"混合模式":用于设置素材层和填充图像以何种方式混合。
添加"纯色混合"视频特效前、后的效果如图 5-33 和图 5-34 所示。

图 5-33　添加视频特效前的效果

图 5-34　添加视频特效后的效果

5.2.7　"摄像机视图"视频特效

该视频特效可以模拟摄像机在不同的角度对图像进行拍摄所产生的视图效果。其参数面板如图 5-35 所示。

图 5-35 参数面板

"经度":设置摄像机拍摄时的垂直角度。
"纬度":设置摄像机拍摄时的水平角度。
"垂直滚动":让摄像机绕自身中心轴转动,使图像产生摆动的效果。
"焦距":设置摄像机的焦距,焦距越短,视野越宽。
"缩放":设置对图像的放大或缩小程度。
"填充颜色":设置图像周围空白区域填充的色彩。
添加"摄像机视图"视频特效前、后的效果如图 5-36 和图 5-37 所示。

图 5-36 添加视频特效前的效果

图 5-37 添加视频特效后的效果

5.2.8 "镜头光晕"视频特效

该视频特效可以模拟强光照射镜头,在图像上产生光晕的效果。其参数面板如图 5-38 所示。

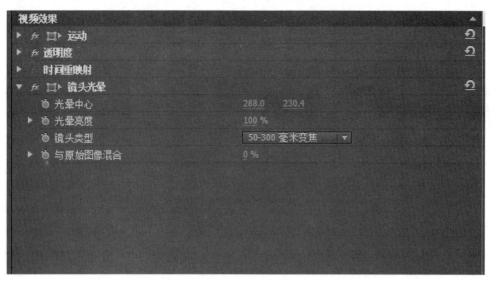

图 5-38 参数面板

"光晕中心"：设置光晕发光点的位置。

"光晕强度"：用来调整光晕的亮度。

"镜头类型"：用于选择模拟的镜头类型，有 3 种透镜焦距："50-300 毫米变焦"是产生光晕并模仿太阳光的效果；"35 毫米定焦"是只产生强烈的光，没有光晕；"105 毫米定焦"是产生比前一种镜头更强的光。

"与原始图像混合"：设置混合特效与原图像间的混合比例，值越大越接近原图。

添加"镜头光晕"视频特效前、后的效果如图 5-39 和图 5-40 所示。

图 5-39 添加视频特效前的效果

图 5-40 添加视频特效后的效果

5.2.9 "闪电"视频特效

该视频特效是在图像上模拟闪电划过时所产生的效果，可以模拟类似闪电或火花的光电效果。其参数面板如图 5-41 所示。

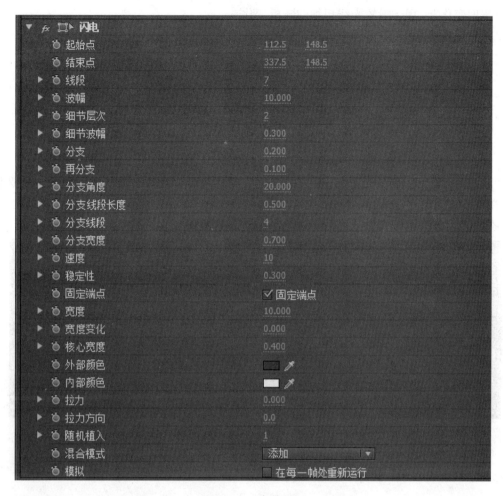

图 5-41 参数面板

"起始点":用于设置闪电开始点的位置。

"结束点":用于设置闪电结束点的位置。

"线段":用于设置闪电光线的段数。数值越大,闪电越曲折。

"波幅":用于设置闪电波动的幅度。数值越大,闪电波动的幅度越大。

"细节层次":用于设置闪电的分支细节。数值越大,闪电越粗糙。

"细节波幅":用于设置闪电分支的振幅。数值越大,分支的波动越大。

"分支":用于设置闪电主干上的分支数量。

"再分支":用于设置闪电第二分支的数量。

"分支角度":用于设置闪电主干和分支之间的角度。

"分支线段长度":用于设置闪电各分支的长度。

"分支线段":用于设置闪电分支的宽度。

"分支宽度":用于设置闪电分支的粗细。

"速度":用于设置闪电变化的速度。

"稳定性":用于设置闪电稳定的程度。数值越大,闪电变化越剧烈。

"固定端点":勾选该复选框,可以把闪电的结束点限制在一个固定的范围内。取消该复选框,闪电结束点将产生随机摇摆。

"宽度":用于设置闪电的粗细。

"宽度变化"：用于设置光线粗细的随机变化。
"核心宽度"：用于设置闪电的中心宽度。
"外部颜色"：用于设置闪电外边缘的颜色。
"内部颜色"：用于设置闪电内部的填充颜色。
"拉力"：用于设置闪电推拉时的力量。
"拉力方向"：用于设置拉力的作用方向。
"随机植入"：用于设置闪电的随机变化。
"混合模式"：用于设置与原图像间的混合模式。
"模拟"：用于选择闪电运动过程中的变化情况，勾选"在每一帧处重新运行"复选框，可以在每一帧上部重新运行。

添加"闪电"视频特效前、后的效果如图 5-42 和图 5-43 所示。

图 5-42 添加视频特效前的效果

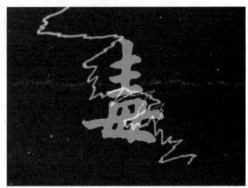
图 5-43 添加视频特效后的效果

5.2.10 "百叶窗"视频特效

该视频特效通过对图像进行百叶窗式的分割，形成图层之间的切换。其参数面板如图 5-44 所示。

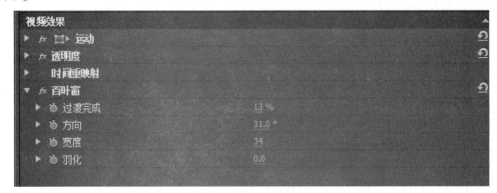
图 5-44 参数面板

"过渡完成"：用于设置转换完成的百分比。
"方向"：用于设置素材分割的角度。
"宽度"：用于设置分割的宽度。
"羽化"：用于设置分割边缘的羽化程度。

添加"百叶窗"视频特效前、后的效果如图 5-45 和图 5-46 所示。

图 5-45　添加视频特效前的效果　　　　图 5-46　添加视频特效后的效果

5.2.11　"油漆桶"视频特效

该视频特效可以模拟油漆桶填充，将填充点的颜色填充为指定的颜色效果。其参数面板如图 5-47 所示。

图 5-47　参数面板

"填充点"：设置填充颜色的位置。

"填充选取器"：可以从右侧的下拉菜单中选择一种填充的形式。

"宽容度"：设置填充的范围。

"查看阈值"：勾选该复选框，可以将图像置换成灰色图像，以观察容差范围。

"描边"：可以从右侧的下拉菜单中选择一种笔画类型，并可以通过正文的参数调整笔画的效果。

"反相填充"：勾选该复选框，将反转当前的填充区域。

"颜色"：设置用来填充的颜色。

"透明度"：设置填充颜色的透明度。

"混合模式"：设置与原图像的混合模式。

应用"油漆桶"视频特效前、后的效果如图5-48和图5-49所示。

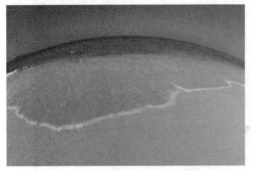
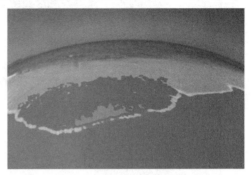

图5-48 添加视频特效前的效果　　　　　　图5-49 添加视频特效后的效果

5.2.12　课堂案例1：彩色浮雕效果

本案例的最终效果如图5-50所示。

扫码看微课

图5-50　最终效果

步骤1：启动Premiere Pro CC 2017，单击"新建项目"按钮，弹出"新建项目"对话框，设置"位置"选项，选择保存文件路径，在"名称"文本框中输入文件名"彩色浮雕效果"，如图5-51所示。单击"确定"按钮，弹出"新建序列"对话框，在左侧的列表中展开"DV-PAL"选项，选择"标准48kHz"模式，如图5-52所示，单击"确定"按钮。

图5-51　"新建项目"对话框　　　　　　图5-52　"新建序列"对话框

步骤2：执行"文件"→"导入"命令，弹出"导入"对话框，选择要导入的素材，单击"打开"按钮，导入素材，如图5-53所示。导入后的文件将排列在"项目"窗口中，如图5-54所示。

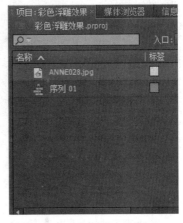

图5-53　导入素材　　　　　　　图5-54　"项目"面板

步骤3：在"项目"窗口中选中文件，将其拖拽到"时间轴"窗口中的"视频1"轨道中。

步骤4：在"视频效果"面板中展开"运动"选项，将"缩放比例"选项设置为"110"，其他设置如图5-55所示。在"节目"监视器中预览效果，如图5-56所示。

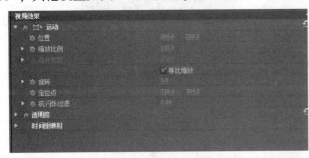

图5-55　调整参数　　　　　　　图5-56　预览效果

步骤5：选择"视频特效"→"风格化"→"彩色浮雕"视频特效，如图5-57所示。将"彩色浮雕"视频特效拖拽到"时间轴"窗口中的文件上。

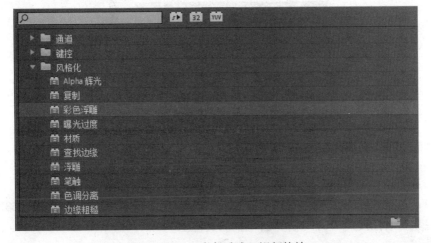

图5-57　"彩色浮雕"视频特效

步骤6：选择"视频效果"面板，展开"彩色浮雕"选项，参数设置如图5-58所示。在"节目"监视器中预览效果，如图5-59所示。

图5-58　参数设置　　　　　　　　图5-59　预览效果

步骤7：选择"视频特效"→"色彩校正"→"亮度与对比度"视频特效，如图5-60所示。将"亮度与对比度"视频特效拖拽到"时间轴"窗口中的文件上。选择"视频效果"面板，展开"亮度与对比度"选项，参数设置如图5-61所示。彩色浮雕效果完成，如图5-50所示。

图5-60　添加视频特效　　　　　图5-61　参数面板

5.2.13　课堂案例2：局部马赛克效果

本案例的最终效果如图5-62所示。

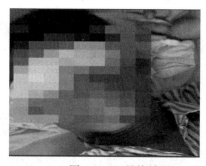

扫码看微课

图5-62　最终效果

步骤1：新建一个项目文件，导入素材，并添加到"视频2"轨道中。

步骤2：选择"视频特效"→"变换"→"裁剪"视频特效，如图5-63所示。将"裁剪"视频特效拖拽到"时间轴"窗口中的文件上。

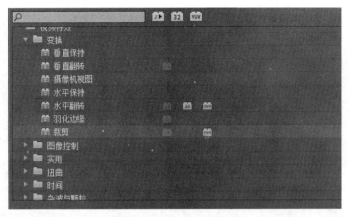

图 5-63 "裁剪"视频特效

步骤3：打开"视频效果"面板，选择其中的"裁剪"视频特效，在"节目"监视器中调整裁剪范围，参数设置如图5-64所示。使其只剩人物头部，效果如图5-65所示。

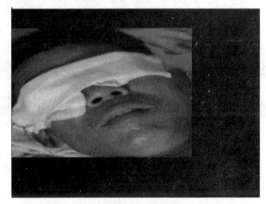

图 5-64 参数设置　　　　　　图 5-65 修改只剩人物头部

步骤4：选择"视频特效"→"风格化"→"马赛克"视频特效，如图5-66所示。将"马赛克"视频特效拖拽到"时间轴"窗口中的文件上。

图 5-66 "马赛克"视频特效

步骤5：在"视频效果"面板中调整"马赛克"视频特效的参数，如图5-67所示。

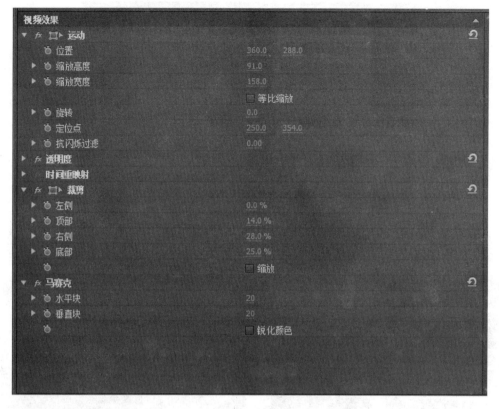

图 5-67　参数面板

步骤 6：再次将素材拖拽到"视频 1"轨道上，最终效果如图 5-62 所示。

任务 3　综合案例：文字雨

本案例的最终效果如图 5-68 所示。

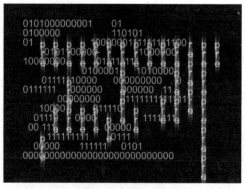

图 5-68　最终效果

步骤 1：启动 Premiere Pro CC 2017，单击"新建项目"按钮，弹出"新建项目"对话框，设置"位置"选项，选择保存文件路径，在"名称"文本框中输入文件名"文字雨"，如图 5-69 所示。单击"确定"按钮，弹出"新建序列"对话框，在左侧的列表中展开

"DV – PAL"选项，选择"标准48Hz"模式，如图 5 – 70 所示，单击"确定"按钮。

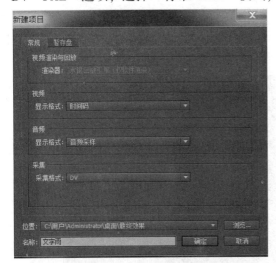

图 5 – 69　"新建项目"对话框

图 5 – 70　"新建序列"对话框

步骤2：执行"文件"→"新建"→"字幕"命令，弹出"新建字幕"对话框，在"名称"文本框中输入"文字雨1字幕"，如图 5 – 71 所示。单击"确定"按钮，弹出字幕编辑面板，选择"输入"工具，在字幕工作区中输入需要的文字并进行参数设置，如图 5 – 72 所示。关闭字幕编辑面板，新建的字幕文件自动保存到"项目"窗口中。

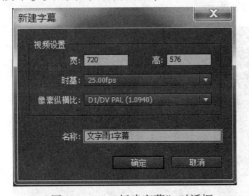

图 5 – 71　"新建字幕"对话框

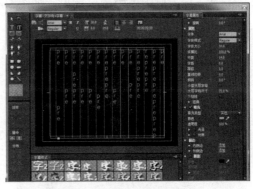

图 5 – 72　字幕编辑面板

步骤3：在字幕窗口的上方单击 ![按钮] 按钮，弹出"滚动/游动选项"对话框。选择"滚动"单选按钮，其他设置如图 5 – 73 所示，单击"确定"按钮。字幕窗口的显示如图 5 – 74所示。

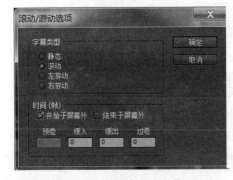

图 5 – 73　创建滚动字幕

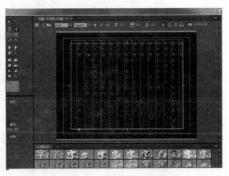

图 5 – 74　字幕窗口的显示

步骤 4：在"项目"窗口中选择"文字雨 1 字幕"并将其拖拽到"时间轴"窗口中的"视频 1"轨道中，并将"文字雨 1 字幕"的尾部向后拖拽到 10 秒的位置上。

步骤 5：选择"视频特效"→"风格化"→"Alpha 辉光"视频特效并将其拖拽到"时间轴"窗口中的"文字雨 1 字幕"层上，如图 5-75 所示。

图 5-75 添加视频特效

步骤 6：选择"视频效果"面板，展开"Alpha 辉光"视频特效，将"发光"选项设置为"5"，将"起始颜色"选项设置为白色，将"结束颜色"选项设置为黑色，如图 5-76 所示。在"节目"监视器中预览效果，如图 5-77 所示。

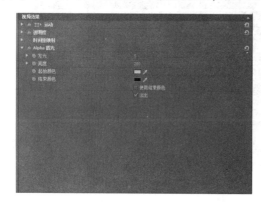

图 5-76 参数设置　　　　　　　图 5-77 预览效果

步骤 7：选择"视频特效"→"模糊与锐化"→"方向模糊"视频特效并将其拖拽到"时间轴"窗口中的"文字雨 1 字幕"层上，如图 5-78 所示。

图 5-78 添加视频特效

步骤8：选择"视频效果"面板，展开"方向模糊"视频特效，将"模糊长度"选项设置为"27"，如图5-79所示。在"节目"监视器中预览效果，如图5-80所示。

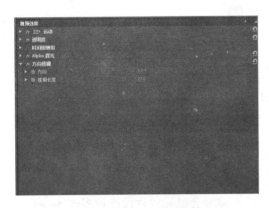
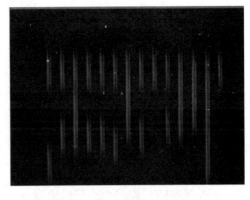

图5-79　参数设置　　　　　　　　　图5-80　预览效果

步骤9：将时间指示器放置在0秒的位置，在"时间轴"窗口中选择"文字雨1字幕"层，按"Ctrl+C"组合键复制层，然后选择"视频2"轨道，按"Ctrl+V"组合键粘贴层。选择"视频效果"面板，展开"方向模糊"视频特效，将"模糊长度"选项设置为"15"。

步骤10：将时间指示器放置在0秒的位置，在"时间轴"窗口中选择"文字雨1字幕"层，按"Ctrl+C"组合键复制层，然后选择"视频3"轨道，按"Ctrl+V"组合键粘贴层。选择"视频效果"面板，选择"方向模糊"视频特效，按Delete键删除视频特效。

步骤11：执行"文件"→"新建"→"字幕"命令，弹出"新建字幕"对话框，在"名称"文本框中输入"文字雨2字幕1"，如图5-81所示。单击"确定"按钮，弹出字幕编辑面板，选择"输入"工具，在字幕工作区中输入需要的文字，并进行参数设置，如图5-82所示。关闭字幕编辑面板，新建的字幕文件自动保存到"项目"窗口中。

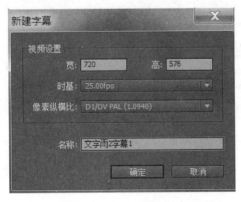
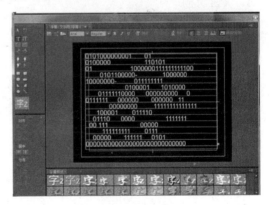

图5-81　"新建字幕"对话框　　　　　图5-82　字幕编辑面板

步骤12：在"项目"窗口中选择"文字雨2字幕1"并将其拖拽到"时间轴"窗口中的"视频3"轨道中，并将"文字雨2字幕1"的尾部向后拖拽到10秒的位置上。文字雨制作完成，最终效果如图5-68所示。

课后习题

选择题

1. Premiere Pro CC 2017 中存放素材的窗口是（　　）。
   A. "项目"窗口
   B. "节目"窗口
   C. "时间轴"窗口
   D. "效果"窗口

2. 在"时间轴"窗口中，可以通过（　　）键配合鼠标对片段进行多选。
   A. Alt
   B. Ctrl
   C. Shift
   D. Esc

3. 下列哪个特效可以对画面的颜色进行修整？（　　）。
   A. 高斯模糊
   B. 亮度和对比度
   C. 画笔描边
   D. 辉光

4. 下列特效中属于扭曲特效的是（　　）。
   A. 快速模糊
   B. 边角定位
   C. 阴影
   D. 百叶窗

5. 下列哪个特效可以给片段加上一个阴影？（　　）。
   A. 基础 3D
   B. 方向模糊
   C. 镜头光晕
   D. 投射阴影

项目总结与知识点梳理

本项目主要介绍 Premiere Pro CC 2017 中的视频特效。视频特效种类繁多，虽然添加方法相同，但是每个视频特效的具体选项参数各不相同。添加某个视频特效后，需要根据视频画面设置与之相关的选项参数。

任务序号	任务名称	知识点
1	视频特效概述	视频特效的基础操作、视频特效的参数设置
2	视频特效介绍	各种类型视频特效的参数面板的调整及使用方法
3	综合案例：文字雨	视频特效的综合应用

项目六

视频色彩特效

有关视频色彩的相关知识见项目一的任务 4。

任务 1 视频色彩技术

颜色校正类特效用于对素材画面进行颜色校正处理,此类特效共包括 11 种特效,如图 6-1 所示。调色是对视频画面颜色和亮度等相关信息的调整,使其能够表现某种感觉或意境,或者对画面中的偏色进行校正,以满足制作上的需求。在视频处理中调色是一个相当重要的环节,其结果甚至可以决定影片的画面基调。

图 6-1 颜色校正类特效

6.1.1 RGB 校正

"RGB 颜色校正器"通过红、绿、蓝 3 种颜色改变素材的色彩。其参数面板如图 6-2 所示。

扫码看微课

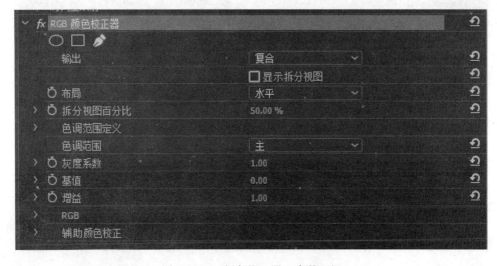

图 6-2 "颜色校正器"参数面板

"输出":选择输出形式。

"显示拆分视图":设置视图中的素材被分割成两部分,分别为校正后和校正前两种效果同时显示。

"布局":设置视图"水平"和"垂直"两种拆分方式。

"拆分视图百分比":调整拆分视图的百分比。

"色调范围定义":定义使用衰减控制阈值和阈值的阴影及亮度的色调范围。

"色调范围":设置要校正的颜色范围。

"灰度系数":调整素材的伽马级别。

"基值":设置素材阴影色的倍增值。

"增益":调整素材高光色的倍增值。

"RGB":通过红、绿、蓝3种颜色对素材进行色彩调整。

"辅助颜色校正":通过色相、饱和度、亮度和柔和度对图像进行辅助颜色校正。

打开素材"RGB校正.prproj",调整"RGB颜色矫校正器"参数,选择"显示拆分视图"选项,将"布局"属性设置为"垂直",将"拆分视图百分比"属性设置为"70%",将"灰度系数"属性设置为"3.62",最终效果如图6-3所示。

图6-3 RGB校正效果

6.1.2 亮度与对比度校正

亮度与对比度校正是对素材的亮度和对比度进行调节。其参数面板如图6-4所示。

扫码看微课

图 6-4 亮度与对比度校正参数面板

"亮度"：调整素材的亮度。

"对比度"：调整素材的对比度。

打开素材"RGB校正.prproj"，打开"效果"面板，在搜索栏中输入"亮度"，在"颜色校正"文件夹中找到"亮度与对比度"特效，如图 6-5 所示，将该特效拖到时间轴上即可。

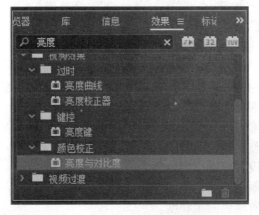

图 6-5 "亮度与对比度"特效

调整"对比度"属性为"0"和"47"，调整对比度的效果对比如图 6-6 所示。

图 6-6 调整对比度的效果对比

6.1.3 更改颜色

"更改颜色"特效可以调整色相、亮度和饱和度的范围。其参数面板如图6-7所示。

扫码看微课

图6-7 "更改颜色"特效参数面板

"视图":设置预览时的观看模式,包括"层校正"和"校正的图层"。
"色相变换":调整素材的色相。
"亮度变换":调整素材的亮度。
"饱和度变换":调整素材的饱和度。
"要更改的颜色":设置要更改的颜色。
"匹配容差":设置颜色的差值范围。
"匹配柔和度":设置颜色的柔和度。
"匹配颜色":设置匹配颜色。
"反转颜色校正蒙版":可将当前的颜色反转。

打开素材"颜色更正.prproj",然后打开"效果"面板,在搜索栏中输入"更改颜色",在"颜色校正"文件夹中找到"更改颜色"特效,如图6-8所示,将该特效拖到时间轴上。

修改特效参数"色相变换"为"55",单击"要更改的颜色"后面的吸管,在图片中黄色T恤位置单击鼠标左键吸取黄色,最后修改"匹配容差"属性为8%,如图6-9所示。色相变换前、后的效果如图6-10和图6-11所示,黄色的T恤被改为绿色。

图6-8 "更改颜色"特效　　　　图6-9 修改参数

图 6-10　色相变换前的效果　　　　　图 6-11　色相变换后的效果

6.1.4　颜色平衡与分色

1. 颜色平衡

"颜色平衡"特效可以对素材的阴影、中间调和高光区进行色彩平衡。其参数面板如图 6-12 所示。

扫码看微课

图 6-12　"颜色平衡"特效参数面板

"阴影红色/绿色/蓝色平衡"：调整素材阴影的红、绿、蓝色彩平衡。

"中间调红色/绿色/蓝色平衡"：调整素材的中间调的红、绿、蓝色彩平衡。

"高光红色/绿色/蓝色平衡"：调整素材的高光区的红、绿、蓝色彩平衡。

打开素材"色彩平衡.prproj"，然后打开"效果"面板，在搜索栏中输入"颜色"，在"颜色校正"文件夹中找到"颜色平衡"特效，如图 6-13 所示，将该特效拖到时间轴上。

Adobe Premiere Pro CC 2017 案例教程

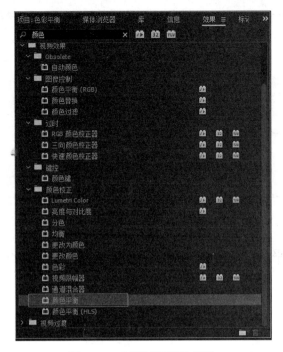

图 6-13 "颜色平衡"特效

修改"高光蓝色平衡"属性为"0"和"100"。调整颜色平衡前、后的效果如图 6-14、图 6-15 所示。

图 6-14 调整颜色平衡前的效果

图 6-15 调整颜色平衡后的效果

2. 分色

"分色"特效用来设置一种颜色范围,保留该颜色,将其他颜色漂白转化为灰度效果。其参数面板如图 6-16 所示。

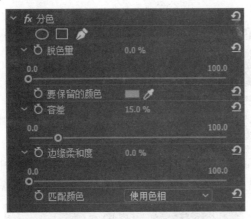

图 6-16 "分色"特效参数面板

"脱色量":设置素材的颜色脱色量。

"要保留的颜色":设置要保留的颜色。

"容差":设置颜色的容差度。

"边缘柔和度":设置边缘的柔和度。

"匹配颜色":设置颜色的匹配。

打开素材"分色.prproj",然后打开"效果"面板,在搜索栏中输入"分色",在"颜色校正"文件夹中找到"分色"特效,将该特效拖到时间轴上。

设置特效属性如图 6-17 所示,对比效果如图 6-18 所示。

图 6-17 案例属性设置

图 6-18 分色前后对比效果（保留图片中的红色）

6.1.5 黑白

"黑白"特效是将彩色素材转换成黑白效果。其参数面板如图 6-19 所示。

扫码看微课

图 6-19 "黑白"特效参数面板

该特效没有参数调节，只有创建蒙版的按钮，如果创建蒙版，黑白效果只影响蒙版区域，其他区域的色彩效果不变。

打开素材"黑白.prproj"，然后打开"效果"面板，在搜索栏中输入"黑白"，在"图像控制"文件夹中找到"黑白"特效，如图 6-20 所示，将该特效拖到时间轴上。

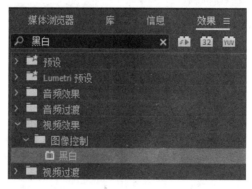

图 6-20 "黑白"特效

对比效果如图 6-21 所示。

项目六　视频色彩特效

图6-21　对比效果

6.1.6　课堂案例：图像色彩的调整

本案例介绍在 Premiere Pro CC 2017 中使用"亮度与对比度"和"色彩平衡"特效调整图像色彩的方法。

扫码看微课

步骤1：新建项目，项目名称为"图像色彩的调整"，如图6-22所示；新建序列，并选择"DV-PAL"→"标准48kHz"选项，然后单击"确定"按钮，如图6-23所示。

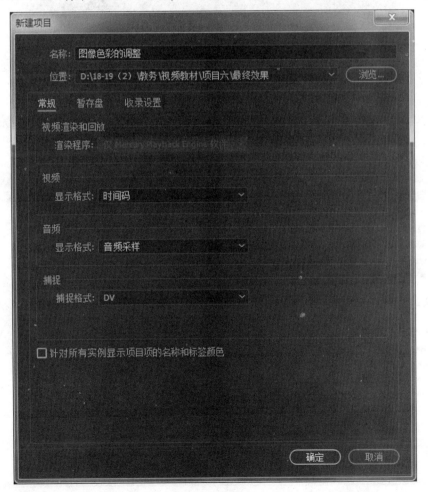

图6-22　新建项目

— 141 —

Adobe Premiere Pro CC 2017 案例教程

图 6-23 新建序列

步骤2：在"项目"窗口的空白处双击，然后在弹出的对话框中选择"苏州园林.jpg;"素材文件，并单击"打开"按钮，如图6-24所示。

图 6-24 导入素材

步骤3：将"项目"窗口中的"苏州园林.jpg;"素材文件拖动到V1轨道上，如图6-25

所示。

图 6-25 将素材拖动到时间轴上

步骤4：选择轨道上的"苏州园林.jpg;"素材文件，然后在"效果控件"面板中设置"缩放"属性为26%，如图6-26所示。

图 6-26 设置"缩放"属性

步骤5：在"效果"面板中搜索"亮度和对比度"，然后将其拖动到V1轨道的"苏州园林.jpg;"素材文件上，如图6-27所示。

图 6-27 添加"亮度与对比度"特效

步骤6：选择V1轨道上的"苏州园林.jpg;"素材文件，然后在"效果控件"面板中设置"对比度"为20,如图6-28所示。此时效果如图6-29所示。

图6-28 设置对比度　　　　　　　　　　图6-29 设置对比度后的效果

步骤7：在"效果"面板中搜索"颜色平衡",然后将其拖动到V1轨道的"苏州园林.jpg;"素材文件上,如图6-30所示。

图6-30 添加"颜色平衡"特效

步骤8：选择V1轨道上的"苏州园林.jpg;"素材文件,然后在"效果控件"面板中设置"阴影红色平衡"为"70",设置"阴影绿色平衡"为"50",如图6-31所示。效果如图6-32所示。

图6-31 设置阴影颜色平衡　　　　　　　图6-32 设置效果

步骤9：设置"中间调红色平衡"为"60",设置"中间调蓝色平衡"为"-40",如图6-33所示。效果如图6-34所示。

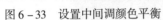

图6-33 设置中间调颜色平衡　　　　图6-34 设置效果

步骤10：设置"高光红色平衡"为"10"，设置"高光绿色平衡"为"5"，设置"高光蓝色平衡"为"-100"，如图6-35所示。最终效果如图6-36所示。

图6-35 设置高光颜色平衡　　　　图6-36 最终效果

任务2　综合案例：图像合成

扫码看微课

本案例练习抠图，替换背景。使用"颜色遮罩"可以快速改变整体画面的色调，得到不同的色彩效果。本案例介绍在 Premiere Pro CC 2017 中使用"颜色键"和"颜色遮罩"的方法。

步骤1：新建项目，如图6-37所示；新建序列，选择"DV-PAL"→"标准48kHz"选项，然后单击"确定"按钮，如图6-38所示。

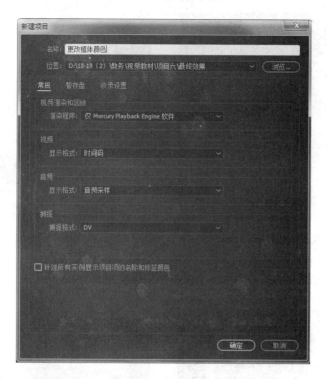

图 6-37 新建项目

图 6-38 新建序列

步骤 2：在"项目"窗口的空白处双击，然后在弹出的对话框中选择所需素材文件，并单击"打开"按钮,如图6-39所示。

图6-39 导入素材

步骤3:将"项目"窗口中的"景色.jpg;"素材文件拖动到时间轴的V1轨道上,如图6-40所示。

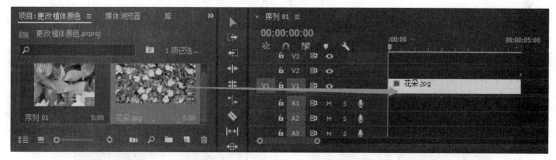

图6-40 将素材拖动到时间轴上

步骤4:选择V1轨道上的"景色.jpg;"素材文件,然后在"视频效果"面板中设置"缩放"为"26",如图6-41所示,效果如图6-42所示。

图6-41 设置"缩放"属性

图6-42 设置效果

步骤5:将"项目"窗口中的"人物.png"素材文件拖动到V2轨道上,如图6-43所示。

图 6-43　添加素材到轨道上

步骤 6：将"效果"面板中的"颜色键"特效添加到 V2 轨道的"人物.png"素材文件上，如图 6-44 所示。

图 6-44　添加"颜色键"特效

步骤 7：选择 V2 轨道上的"人物.png"素材文件，然后在"视频效果"面板中单击"主要颜色"后面的吸管工具，并吸取素材画面中的背景色。接着设置"颜色容差"为"90"，设置"边缘细化"为"1"，如图 6-45 所示，效果如图 6-46 所示。

图 6-45　设置"颜色容差"属性　　　　图 6-46　设置效果

步骤 8：在"视频效果"面板中设置"人物.png"的位置为（360，377），设置"缩放"为"70"，如图 6-47 所示，效果如图 6-48 所示。

图 6-47　设置"位置"和"缩放"属性　　　　图 6-48　设置效果

步骤 9：执行"文件"→"新建"→"颜色遮罩"命令，如图 6-49 所示，然后在弹出的对话框中单击"确定"按钮，如图 6-50 所示。

项目六 视频色彩特效

图 6-49 "颜色遮罩"命令

图 6-50 "新建颜色遮罩"对话框

步骤 10：在弹出的"拾色器"对话框中设置紫色（49，0，52），并单击"确定"按钮，如图 6-51 所示。最后在"选择名称"对话框中单击"确定"按钮，如图 6-52 所示。

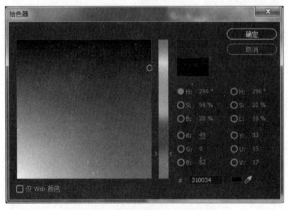

图 6-51 设置颜色参数

图 6-52 输入遮罩名称

步骤 11：将"项目"窗口中的颜色遮罩拖动到 V3 轨道上，如图 6-53 所示。

图 6-53 添加颜色遮罩到 V3 轨道上

步骤12：选择 V3 轨道上的"颜色遮罩"，然后在"视频效果"面板中设置"不透明度"为 70%，设置"混合模式"为"变亮"，如图 6-54 所示。最终效果如图 6-55 所示。

图 6-54 设置颜色遮罩属性

图 6-55 最终效果

课后习题

选择题

1. 图像变暗或者变亮时图像中阴影部分和高亮部位受影响较小，应该调整下列哪个参数？（   ）。
   A. 灰阶　　　　B. 基准　　　　　C. 增益　　　　　D. 阴影
2. （   ）特效可以在保持影像的黑色和高亮不变的情况下，改变中间色调的亮度。
   A. 亮度与对比度校正
   B. 色彩级别
   C. 灰阶校正
   D. 提取
3. 在电视设备中可以使用下面哪些颜色编码方式？（   ）。
   A. RGB　　　　B. YUV　　　　　C. CMYK　　　　D. CCVS
4. 一般在对画面进行抠像后，为了调整前、后景的画面色彩协调，需要（   ）。
   A. 颜色校正　　B. 更改颜色　　　C. 颜色通道　　　D. 颜色匹配

项目总结与知识点梳理

本项目除了介绍编辑影片素材的各种色彩特效，还对各种色彩特效的应用方法进行讲解，以使用户能够更好地掌握利用 Premiere Pro CC 2017 编辑影片素材的各种方法与技巧。

任务序号	任务名称	知识点
1	视频色彩技术	RGB 校正、亮度与对比度校正、更改颜色、颜色平衡、分色、黑白
2	综合案例：图像合成	颜色键、颜色遮罩

项目七

字幕技术

字幕是影视制作中常用的信息表现元素,纯画面信息不可能完全取代文字信息。很多影片的片头都会用到精彩的字幕,以使影片更为完整。在 Premiere Pro CC 2017 的"字幕"面板中,可以完成字幕的大小、颜色、位置、入点和出点等的编辑,同时 Premiere Pro CC 2017 也自带旧版"字幕"面板,极大地方便了用户对字幕文字和图形的操作。

任务1　字幕的基本操作

7.1.1　"字幕"面板

在 Premiere Pro CC 2017 中,所有字幕都是在"字幕"面板中完成的。在新版"字幕"面板(图7-1),不仅可以创建和编辑静态字幕,还可以用旧版"字幕"面板(图7-2)制作出各种动态效果。

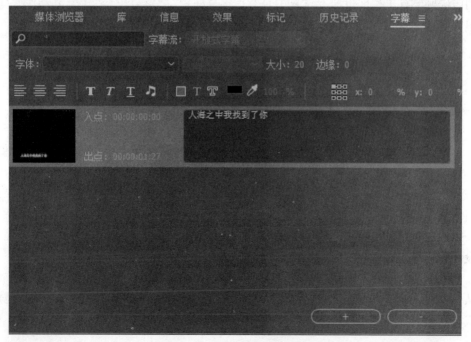

图7-1　新版"字幕"面板

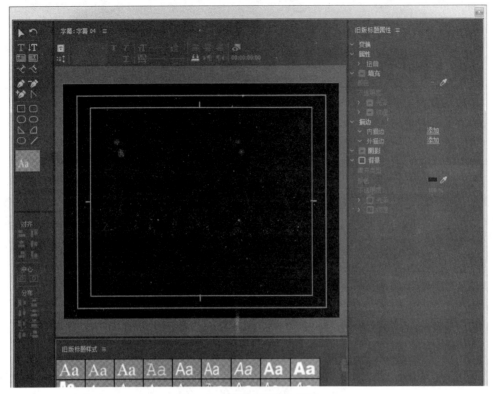

图7-2 旧版"字幕"面板

在新版"字幕"面板中,可以根据字幕的时间设置入点和出点;可以设置字体对齐方式(左对齐、居中对齐和右对齐);可以设置字型(粗体、斜体)和插入音乐注释;可以设置字体颜色(背景颜色、文本颜色、边缘颜色)和不透明度;可以设置字体大小和边缘大小;可以设置字幕的位置。

旧版标题字幕工作区包括"字幕工具""字幕样式""字幕属性""字幕动作"等面板,可以很方便地创建各种类型字幕。

7.1.2 创建字幕

Premiere Pro CC 2017 提供了两种创建字幕的方式:新版字幕和旧版标题。

1. 新版字幕

从"文件"菜单中执行"新建字幕"命令,就是创建新版字幕。有4种类型可供选择:CEA-608、CEA-607、图文电视和开放字幕。开放字幕即旧版字幕,而其余3种为闭合字幕(或称为隐藏字幕)。隐藏字幕是北美和欧洲地区电视节目传输的字幕标准,需要播放设备控制才能显示出来,起初是为了照顾听力障碍者而产生的。现在一些视频网站支持此字幕形式,播放的时候可以控制字幕是否显示。隐藏字幕不支持中文字体,它根本就不是为中国地区设计的标准,所以对于中国用户来说,基本上可以不考虑隐藏字幕。

2. 旧版标题

从"文件"菜单中执行"旧版标题"命令,就是创建旧版标题。它可以方便地设置字幕样式、字幕属性等,也可以创建静态字幕和多种动态字幕。

7.1.3 字幕属性

在旧版标题的字幕属性中，可以设置如下基本的参数。

1. 变换

（1）不透明度：设置字幕的不透明程度。

（2）X 位置：设置字幕的水平位置。

（3）Y 位置：设置字幕的垂直位置。

（4）宽度：设置字幕的水平长度。

（5）高度：设置字幕的垂直长度。

（6）旋转：设置字幕的旋转角度。正值为顺时针角度，负值为逆时针角度。

2. 属性

（1）字体系列：设置目前被选中的文字字体。

（2）字体样式：设置常规、加粗等样式。具体设置会根据字体系列的不同而不同。

（3）字体大小：设置输入文字的大小。

（4）宽高比：设置文字的水平和垂直大小的比例。

（5）行距：设置文字行与行之间的距离。

（6）字符间距：设置文字之间的距离。

（7）基线位移：设置文字距离基线的位置。

（8）倾斜：设置文字倾斜的角度。

（9）小型大写字母：将输入的小写字母转换成小型的大写字母。

（10）小型大写字母大小：设置转换成小型的大写字母的大小。

（11）扭曲：设置文字在水平（X）或垂直（Y）方向上的变形大小。

3. 填充

（1）填充类型：设置文字颜色的填充类型。有实底、渐变、斜面、消除和重影等效果。

（2）光泽：给文字添加光泽效果，设置不同的光泽颜色、不透明度、大小、角度和偏移。

（3）纹理：用一个常用的图片文件为字幕添加纹理效果。可以随字幕翻转和旋转。还可以设置纹理的缩放、对齐和混合方式。

4. 描边

可以给字幕添加描边效果。可以设置内描边或外描边以及描边的类型、大小、填充类型、颜色和不透明度。

5. 阴影

（1）颜色：设置阴影的颜色。

（2）不透明度：设置阴影的不透明程度。

（3）角度：设置阴影的投射角度。

（4）距离：设置阴影和字幕之间的距离。

（5）大小：设置阴影的大小。

（6）扩展：设置阴影的扩展程度。

6. 背景

（1）填充类型：设置字幕背景的填充形式。有实底、渐变、斜面、消除和重影等类型。

（2）颜色：设置字幕背景的颜色。

Adobe Premiere Pro CC 2017 案例教程

（3）不透明度：设置字幕背景的不透明程度。

（4）光泽：设置字幕背景的光泽颜色，光泽的不透明度以及光泽的大小、角度和偏移。

（5）纹理：设置字幕背景的纹理效果以及纹理的缩放、对齐和混合方式。

7.1.4 课堂案例：为乔丹投篮视频添加字幕

本案例练习在 Premiere Pro CC 2017 中添加静态字幕，最终效果如图 7-3 所示。

扫码看微课

图 7-3 最终效果

步骤 1：新建项目，名称为"乔丹投篮"，其他值为默认，如图 7-4 所示，然后单击"确定"按钮。

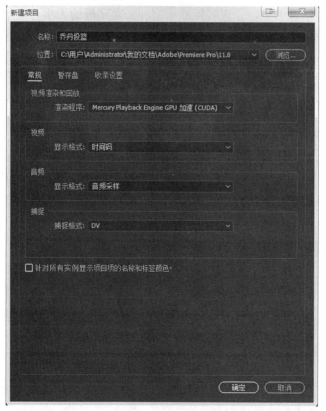

图 7-4 新建项目

步骤2：新建序列，选择"DV‐PAL"→"标准48kHz"选项，如图7‐5所示，然后单击"确定"按钮。

图7‐5　新建序列

步骤3：导入"乔丹投篮.mp4"和"配音2_112.wav"素材，如图7‐6所示。

图7‐6　导入素材

步骤4：将"乔丹投篮.mp4"和"配音2_112.wav"素材分别拖动到视频1和音频2

轨道起始处，如图7-7所示。如出现剪辑不匹配警告，执行"更改序列"命令。

图7-7 移动素材到轨道

步骤5：按"\"键，将序列显示比例调成最佳。执行"文件"→"新建字幕"命令，在弹出的"新建字幕"对话框中，设置"标准"为"开放式字幕"，然后单击"确定"按钮，如图7-8所示。

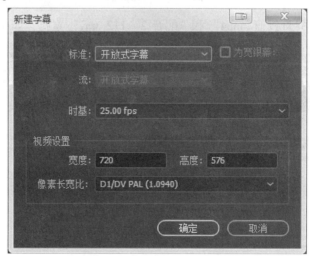

图7-8 "新建字幕"对话框

步骤6：在工作界面左下角双击刚刚创建的字幕，会弹出"字幕"面板，在"此处键入字幕文本"处输入文字"乔丹接过球后"，并更改左侧字幕入点为00：00：00：13，出点为00：00：02：06，如图7-9所示。

图7-9 编辑字幕

步骤7：单击"字幕"面板下方的"+"按钮，继续添加字幕"快速带球到前场"，设置入点为00：00：02：16，出点为00：00：04：13；再用同样的方法添加字幕"起身投篮命中"，设置入点为00：00：05：00，出点为00：00：06：13，如图7-10所示，然后关闭"字幕"面板。

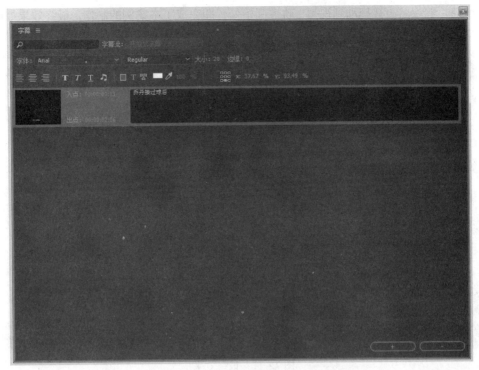

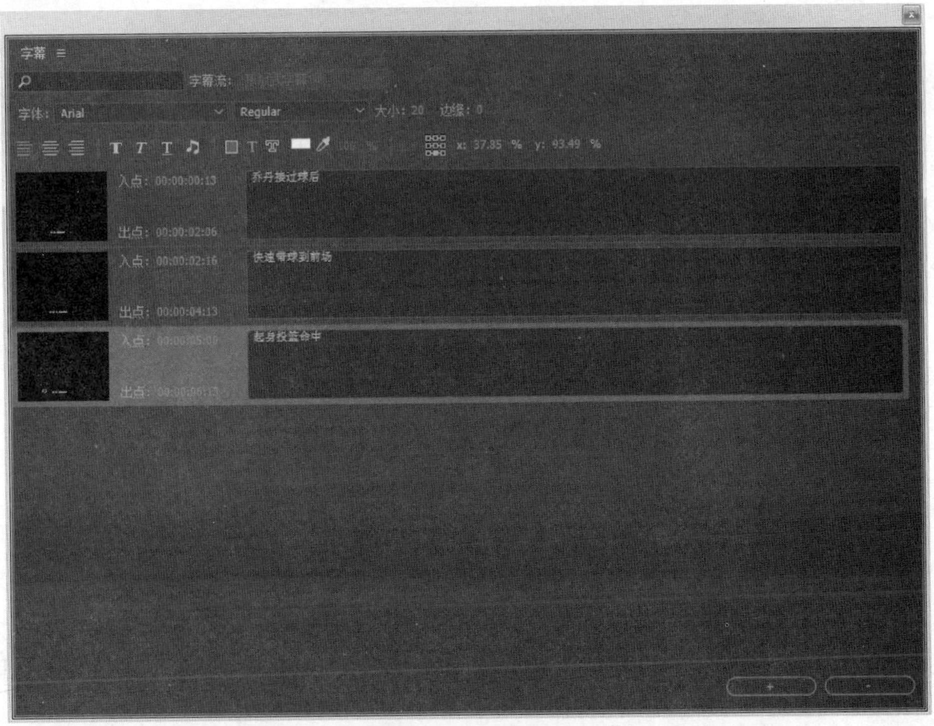

图7-10 添加字幕

步骤 8：将字幕直接拖动到视频 2 轨道起始处，即完成了本案例的制作。最终效果如图 7 - 11 所示。

图 7 - 11　最终效果

任务 2　字幕填充

7.2.1　实色填充和渐变填充

旧版标题提供了字幕文字的实色填充和渐变填充功能，如图 7 - 12 所示。

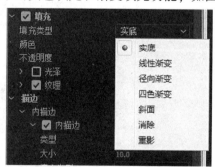

图 7 - 12　字幕文字填充类型

从图 7 - 12 可以看出，实色填充指的是填充类型中的实底，即单一颜色的字幕文字效果。渐变填充分为线行渐变、径向渐变和四色渐变。线性渐变指的是两种颜色沿着某一方向的渐变效果。径向渐变指的是两种颜色以字幕文字为中心向四周扩散的渐变效果。四色渐变指的是四种颜色混合在一起的渐变效果。

7.2.2 斜面填充和纹理填充

在图 7-12 所示的填充类型中，斜面填充是比较特殊的一种填充方式。它是高光颜色和阴影颜色相结合的一种填充类型，如图 7-13 所示。

图 7-13 斜面填充　　　　　　图 7-14 纹理填充

除了上述填充类型，还有一种特殊的填充类型——纹理填充。纹理填充指的是将外部文件（包括常见的 Photoshop 文件、jpeg、png、tiff 等静止图片以及 QuickTime 影片）作为素材直接给字幕文字加上填充效果的一种特殊的填充类型，如图 7-14 所示。它包括缩放、对齐、混合等设置方式。

7.2.3 描边

在 Premiere Pro CC 2017 中，可以对字幕文字进行描边。"描边"面板如图 7-15 所示。可以添加内描边和外描边；可以更改描边的类型：深度、边缘和凹进；可以改变描边的大小、角度、填充类型、颜色、不透明度和纹理。通过描边可以给文字添加非常炫酷的效果。

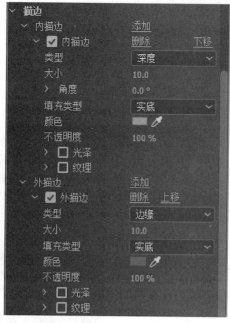

图7-15 "描边"面板

7.2.4 阴影效果

在 Premiere Pro CC 2017 中，可以给字幕添加阴影效果。"阴影"面板如图7-16所示。通过"阴影"面板，可以设置阴影的颜色、透明度、角度、距离、大小和扩展。

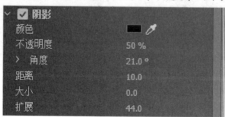

图7-16 "阴影"面板

7.2.5 课堂案例：为婚礼图片添加字幕

本案例练习在 Premiere Pro CC 2017 中添加静态字幕，并给字幕添加渐变填充、描边和阴影效果。最终效果如图7-17所示。

扫码看微课

图7-17 最终效果

步骤 1：新建项目，名称为"静态字幕"，其他值为默认，如图 7-18 所示，然后单击"确定"按钮。

图 7-18　新建项目

步骤 2：新建序列，选择"DV-PAL"→"标准 48kHz"选项，如图 7-19 所示，然后单击"确定"按钮。

图 7-19　新建序列

步骤3：导入"hunli.jpg;"图片素材，如图7-20所示。

图7-20 导入素材

步骤4：将"hunli.jpg;"图片素材拖动到视频1轨道起始处，如图7-21所示。

图7-21 移动素材到轨道

步骤5：按"\"键，将序列显示比例调成最佳。执行"文件"→"旧版标题"命令，然后单击"确定"按钮，如图7-22所示。

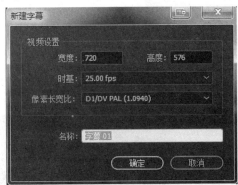

图7-22 新建旧版标题

步骤6：在旧版"字幕"面板中选择文字工具 T，直接输入文字"婚礼相册"，并在右侧"属性"面板中更改"字体系列"为"黑体"，将文字设为居中对齐；设置填充类型为"线性渐变"，将左侧颜色色块设为红色；设置外描边，类型为"凹进"；设置强度为20，颜色为蓝色；添加阴影，颜色为黄色，距离、大小和扩展都为20。具体设置如图7-23所示。

图7-23　设置旧版标题参数

步骤7：关闭旧版"字幕"面板，将做好的字幕直接拖动到视频2轨道的起始处以观察最终效果，如图7-24所示。

图7-24　观察最终效果

任务 3　运动字幕

7.3.1　游动运动字幕

游动运动字幕是指在屏幕上进行水平运动的动态字幕类型，分为从左至右和从右至左两种方式。其中，从右至左是游动运动字幕的默认设置，在节目制作时多用于飞播信息。创建游动运动字幕可按照创建旧版标题的方法在打开的"字幕"面板中选择"滚动/游动"选项来创建。

7.3.2　滚动运动字幕

滚动运动字幕的效果是从屏幕下方逐渐向上运动，在节目制作中多用于节目末尾演职人员表的制作。创建滚动运动字幕同样可按照创建旧版标题的方法在打开的"字幕"面板中选择"滚动/游动"选项来创建。

7.3.3　课堂案例：为片尾演职人员添加滚动字幕

本案例练习在 Premiere Pro CC 2017 中添加滚动运动字幕，并给字幕添加渐变填充、描边和阴影效果。最终效果如图 7-25 所示。

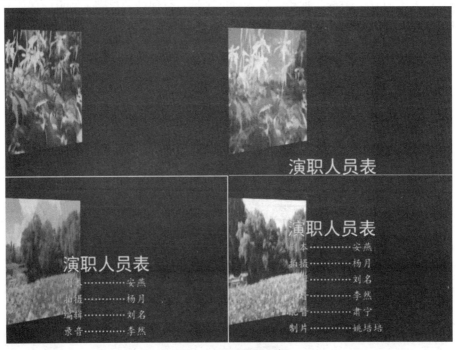

图 7-25　最终效果

步骤1：新建项目，名称为"滚动字幕"，其他值为默认，如图7-26所示，然后单击"确定"按钮。

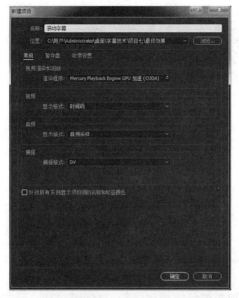

图7-26 新建项目

步骤2：新建序列，选择"DV-PAL"→"标准48kHz"选项，如图7-27所示，然后单击"确定"按钮。

图7-27 新建序列

步骤3：导入"1.avi"视频素材，如图7-28所示。

图 7-28 导入素材

步骤 4：将"1.avi"视频素材拖动到视频 1 轨道起始处，如图 7-29 所示。

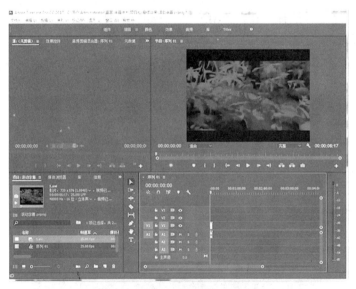

图 7-29 拖动素材到轨道

步骤 5：按"\"键，将序列显示比例调成最佳。执行"文件"→"旧版标题"命令，然后单击"确定"按钮，如图 7-30 所示。

项目七　字幕技术

图7-30　新建旧版标题

步骤6：在旧版"字幕"面板中选择文字工具 T，在"字幕"面板中输入图7-31所示文字，并在右侧"属性"面板中更改"演职人员表"字体系列为"黑体"，字体大小为50，其他文字为"楷体"，文字大小为40，所有文字居中对齐；设置所有文字填充类型为"实底"，颜色为白色；设置外描边，类型为"边缘"；强度为10，颜色为黑色。具体设置如图7-31所示。

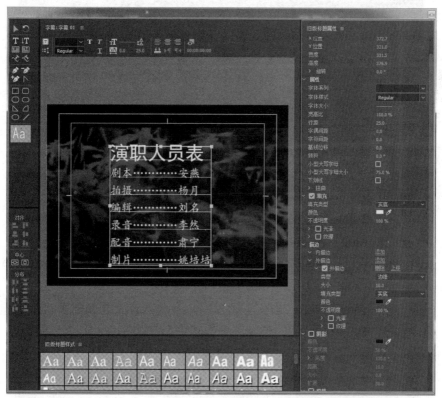

图7-31　设置旧版标题参数

步骤7：关闭旧版"字幕"面板。单击工作界面左下角的"效果"面板，展开"视频效果"列表下的"扭曲"类别，找到"边角固定"效果，将其拖动到视频1轨道上的"1.avi"素材上，并在右上角的"效果控制"面板中，将"右上"的值改为（248，20），将"右下"的值改为（248，520）。设置如图7-32所示。

— 169 —

Adobe Premiere Pro CC 2017 案例教程

图 7-32 设置边角固定效果

步骤 8：单击工作界面左下角的"项目"面板，找到做好的旧版标题，将其拖放到视频 2 轨道起始处，并将鼠标放到该字幕的结尾处，将其出点拖动至与"1.avi"素材一致处，如图 7-33 所示。可按 Space 键进行播放。

图 7-33 拖放字幕

任务 4　综合案例：制作 MTV

本案例练习在 Premiere Pro CC 2017 中添加静态与游动运动字幕，并给字幕添加样式，在不同图像之间添加不同的转场特效进行衔接。最终效果如图 7-34 所示。

图 7-34　MTV 最终效果

步骤 1：新建项目，名称为"MTV"，其他值为默认，如图 7-35 所示，然后单击"确定"按钮。

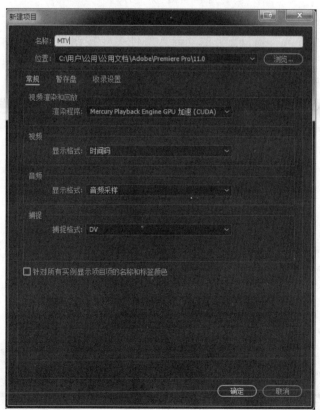

图 7-35　新建项目

步骤 2：新建序列，选择"DV-PAL"→"标准 48kHz"选项，如图 7-36 所示，然后

— 171 —

单击"确定"按钮。

图7-36 新建序列

步骤3：导入任务4文件里的所有素材，如图7-37所示。其中，"英文字母"文件夹中的素材，要单击"导入"窗口下方的"导入文件夹"按钮来导入，由于该文件夹里的素材是Photoshop图片，所以在导入的时候会弹出"导入分层文件"对话框，在该对话框中直接单击"确定"按钮即可。

图7-37 导入素材

步骤4：将"英文字母歌.mp3"素材直接拖放到音频1轨道起始处，再将"背景.jpg；"素材拖放到视频1轨道起始处，单击并向右拖动使其播放长度与音频相等，如图7-

38 所示。

图 7-38 拖放素材

步骤 5：单击序列 01，按 Space 键，试听歌曲。在歌唱之前再次按 Space 键停止，这时将"项目"窗口中"英语字母"文件夹中的"ABCD.psd"素材拖放到视频 2 轨道中，如图 7-39 所示。

图 7-39 拖放"ABCD.psd"素材

步骤 6：继续按 Space 键播放音频，在第二句歌词开始的位置缩短"ABCD.psd"素材的显示长度，并继续拖放"EFG.psd"素材。按照上述方法，根据歌词依次在视频 2 轨道上插入字幕图像，如图7-40所示。

图7-40 依次拖放素材

步骤7：单击选中视频2轨道中的素材"ABCD.psd"，在"效果控制"面板中设置"运动"选项组中的"缩放"为20%，并移动其位置为（238.5，179.2），如图7-41所示。

图7-41 设置图像位置与尺寸

步骤8：按照上述方法，依次将视频2轨道中的所有图像素材进行位置与尺寸设置。其中移动位置时，可以单击"运动"选项组，在"节目"监视器中通过鼠标进行移动，如图7-42所示。

图 7-42　移动图像位置

步骤 9：选择"效果"面板中的"预设"→"马赛克"→"马赛克入点"特效，将其拖放至视频 2 轨道中的"ABCD.psd"素材上，为其添加入画动画，如图 7-43 所示。

图 7-43　添加"马赛克入点"特效

步骤 10：选择"效果"面板中的"视频过渡"→"3D 运动"→"立方体旋转"特效，将其拖放至视频 2 轨道中的"ABCD.psd"与"EFG.psd"素材之间，如图 7-44 所示。

Adobe Premiere Pro CC 2017 案例教程

图7-44 添加"立方体旋转"特效

步骤11：按照上述方法，依次在两个素材之间添加不同的视频转场特效"交叉划像""圆划像""盒状划像""菱形划像""划出"和"双侧平推门"，如图7-45所示。

图7-45 添加不同的转场特效

步骤12：选择"效果"面板中的"预设"→"扭曲"→"扭曲出点"特效，将其拖放至视频2轨道中的"XYZ.psd"素材上，为其添加入画动画，如图7-46所示。

项目七 字幕技术

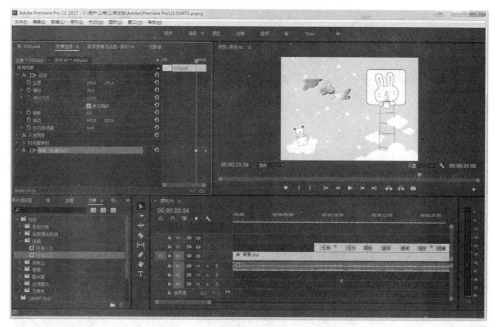

图7-46 添加"扭曲出点"特效

步骤13:执行"文件"→"旧版标题"命令,在"新建字幕"对话框中修改名称为"歌名",单击"确定"按钮进入"字幕"面板,如图7-47所示。

图7-47 创建"歌名"字幕

步骤14:选择"字幕"面板中的文字工具,在编辑窗口中单击并输入文本"英文字母歌",如图7-48所示。

— 177 —

图 7-48 输入文本

步骤15：使用选择工具 ▶ 选中输入的文本，确定其位置后，单击"字幕"面板中的"Arial Bold Italic blue depth"按钮，为选中的文字添加样式，如图7-49所示。

图 7-49 添加旧版标题

步骤16：关闭"字幕"面板后，执行"文件"→"旧版标题"命令，在"新建字幕"对话框中修改"名称"为"歌词"，单击"确定"按钮进入"字幕"面板，选择"字幕"面板中的文字工具 T，在编辑窗口中单击并输入歌词，如图7-50所示。

图7-50 新建字幕并输入歌词

步骤17：使用选择工具 选中输入的文本，更改右侧文字大小为50，然后确定其位置，单击"字幕"面板中的"Arial Bold purple gradient"按钮，为选中的文字添加样式。再单击"滚动/游动选项"，在弹出的"滚动/游动选项"对话框中，选择"向左游动"选项，如图7-51所示。最后单击"确定"按钮。

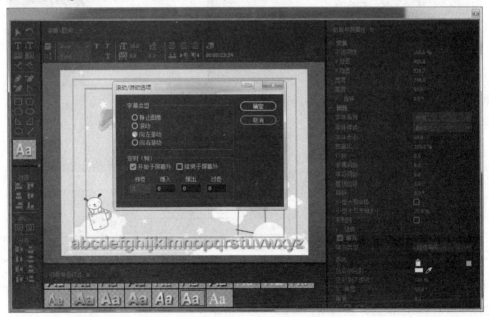

图7-51 修改字幕设置

步骤18：关闭"字幕"面板后，将"项目"窗口中的字幕"歌名"拖放到视频3轨道起始处，设置其播放长度为歌曲的过门音乐，如图7-52所示。

图 7-52 插入字幕"歌名"

步骤19：依次选择"效果"面板中的"预设"→"模糊"→"快速模糊入点"特效与"预设"→"模糊"→"快速模糊出点"特效，将其拖放至"歌名"字幕上，为其添加预设特效，如图 7-53 所示。

图 7-53 添加预设特效

步骤20：将"项目"窗口中的"歌词"字幕拖放到视频 3 轨道上并放置在"歌名"字幕右侧。将其长度拉长至音频长度，如图 7-54 所示。

图7-54 插入"歌词"字幕

步骤21：完成操作后，单击"节目"监视器中的"播放/停止"按钮，查看视频效果，如图7-55所示。确认无误后，按"Ctrl+S"组合键进行保存，完成MTV的制作。

图7-55 查看视频效果

课后习题

一、选择题

1. 在 Premiere Pro CC 2017 中，旧版标题字幕工作区由"字幕"面板、"字幕工具"面板、"字幕样式"面板、"分布"面板、"中心"面板和"字幕属性"面板和（   ）所组成。

   A. "字幕对象"面板   B. "对齐"面板

   C. "字幕动作"面板   D. "标题"面板

2. 在下列选项中，不属于 Premiere Pro CC 2017 文本字幕类型的是（   ）。

   A. 水平文本字幕   B. 垂直文本字幕

   C. 路径文本字幕   D. 矢量文本字幕

3. 在下列选项中，不属于字幕填充类型的是（   ）。

   A. 实底填充   B. 线性渐变填充

   C. 三维填充   D. 斜面填充

4. 选择字幕对象后，只需在（   ）面板内单击某个字幕样式的图标，即可将该样式应用于当前所选字幕。

   A. "字幕"   B. "工具"   C. "样式"   D. "属性"

5. 在 Premiere Pro CC 2017 中，描边包括（   ）描边和外描边。

   A. 内   B. 前   C. 后   D. 右

二、问答题

1. 使用 Premiere Pro CC 2017 创建字幕的流程是什么？

2. 字幕包括哪些类型？

3. 字幕的填充类型包括哪几类？

4. 如何创建字幕样式？

三、上机题

1. 制作一个图 7-56 所示的三维字幕效果。

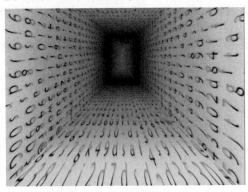

图 7-56　三维字幕效果

2. 根据作业素材，制作图 7-57 的字幕效果。

图 7-57　带辉光效果的字幕

图 7-58 带阴影效果的字幕　　　　　图 7-59 颜色渐变的字幕

项目总结与知识点梳理

本项目不仅对创建与编辑字幕时用到的各种选项与面板进行了详细的介绍,还对字幕应用时所加转场特效、预设特效等进行了讲解,使用户能够更好地学习使用 Premiere Pro CC 2017 创建与编辑字幕的各种方法与技巧。

任务序号	任务名称	知识点
1	字幕的基本操作	开发式字幕的创建与编辑、在时间轴上添加字幕
2	字幕填充	创建旧版标题、修改填充类型、添加描边与阴影
3	运动字幕	创建滚动运动字幕、填充颜色、添加描边与阴影、添加与修改边角固定特效
4	综合案例:制作 MTV	静态字幕与滚动运动字幕的创建、字幕样式的应用、视频转场特效与预设特效的添加

项目八

音频编辑技术

人类能够听到的所有声音都称为音频,包括噪声。声音被录制下来以后,无论是说话声、歌声、乐器声都可以通过数字音乐软件处理。在 Premiere Pro CC 2017 中,对声音的处理主要集中在音量增减、声道设置和特效运用上。

任务 1　音频编辑基础操作

8.1.1　在轨道上添加和删除音频

在轨道上添加音频的方法是,按住鼠标左键将"项目"窗口中的音频素材文件拖动到时间轴上,如图 8-1 所示。

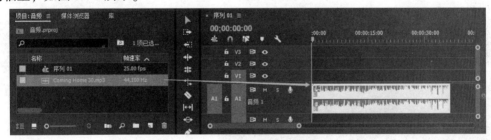

图 8-1　在轨道上添加音频

在轨道上删除音频的方法有两种:一种是在时间轴上选择要删除的音频文件,然后按 Delete 键删除;另一种是在时间轴上要删除的音频文件上单击鼠标右键,在弹出的快捷菜单中执行"清除"命令,如图 8-2 所示。

图 8-2　"清除"命令

8.1.2 编辑音频

选择音频素材文件,然后在"效果控件"面板中添加关键帧并适当调节其数值,如图 8-3 所示,"音量""声道音量"和"声像器"是音频素材的固定特效。

图 8-3 "效果控件"面板

8.1.3 课堂案例:给视频添加音频

本案例练习给视频添加音频。

步骤 1:新建项目"给视频添加音频.prproj",如图 8-4 所示;然后新建序列,如图 8-5 所示。

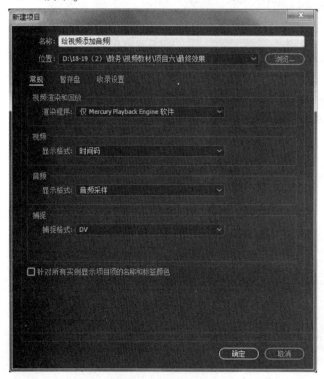

扫码看微课

图 8-4 新建项目　　　　图 8-5 新建序列

步骤2：导入素材"视频1.avi"和"音频1.mp3"，如图8-6所示。导入后"项目"窗口如图8-7所示。

图8-6 导入素材

图8-7 "项目"窗口中的素材

步骤3：将"视频1.avi"和"音频1.mp3"分别拖到时间线上的V1轨道和A1轨道，如图8-8所示。单击"节目"监视器中的播放按钮即可听到效果，如图8-9所示。

图8-8 将素材拖动到时间线的轨道上

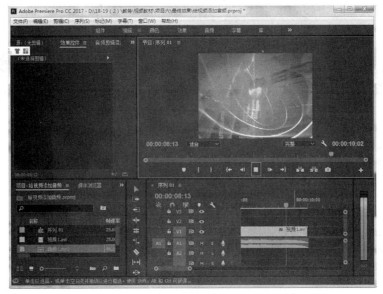

图 8-9　最终效果

任务 2　音频特效

"音频效果"面板用来调节音频素材的特效，主要调节音频轨道中的音频素材。"音频效果"面板如图 8-10 所示。

图 8-10　"音频效果"面板

8.2.1　音频特效简介

1. 平衡

该特效主要对音频素材的左、右声道进行平衡。其参数面板如图 8-11 所示。其中"平衡"用来设置左、右立体声道的音量平衡数值。

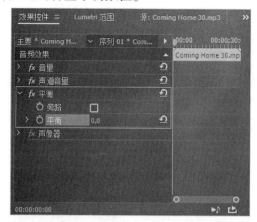

图 8-11 "平衡"特效参数面板

2. 带通

该特效可以消除音频中不需要的高频或低频部分，还可以消除录制过程中的电源噪声。其参数面板如图 8-12 所示。其中"中心"用来制定音频的调整范围，"Q"用来调节强度。

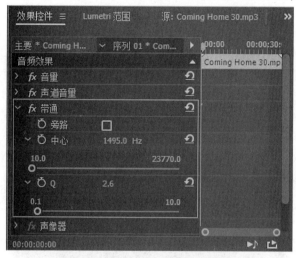

图 8-12 "带通"特效参数面板

3. 低音

该特效用于调整音频素材的低音分贝。其参数面板如图 8-13 所示。其中"提升"用来降低或增加低音分贝。

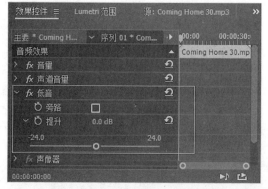

图 8-13 "低音"特效参数面板

4. 声道音量

该特效用于设置左、右声道的音量。其参数面板如图 8－14 所示。其中"左"用来设置左声道的音量;"右"用来设置右声道的音量。

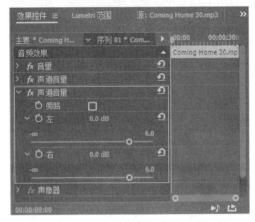

图 8－14 "声道音量"特效参数面板

5. Chorus/Flanger

该特效可以为音频素材制作出和声的效果。其参数面板如图 8－15 所示。单击"自定义设置"→"编辑"按钮,可弹出"剪辑效果编辑器"对话框,如图 8－16 所示。

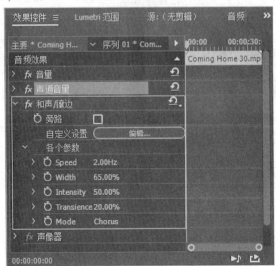

图 8－15 "Chorus/Flanger"特效参数面板

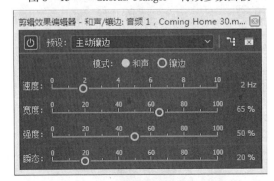

图 8－16 "剪辑效果编辑器"对话框

6. DeEsser

该特效可以为音频素材自动消除齿音。其参数面板如图8-17所示。单击"自定义设置"→"编辑"按钮，可弹出"剪辑效果编辑器"对话框，如图8-18所示。

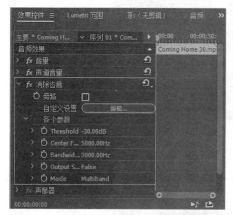
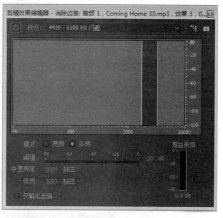

图8-17 "DeEsser"特效参数面板　　图8-18 "剪辑效果编辑器"对话框

7. 延迟

该特效可以为音频素材添加回声效果。其参数面板如图8-19所示。

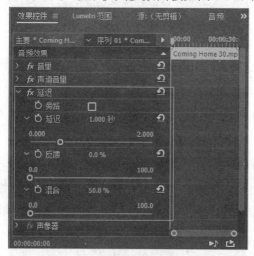

图8-19 "延迟"特效参数面板

8. 高通

该特效可以将音频中的低频信号删除。其参数面板如图8-20所示。其中"屏蔽度"用来设置消除低频的起始频率。

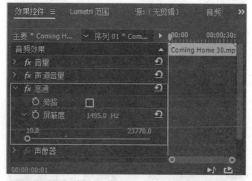

图8-20 "高通"特效参数面板

9. 反转

该特效可以反转声道状态。其参数面板如图 8-21 所示。

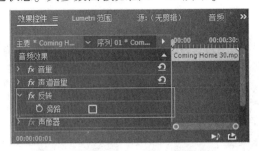

图 8-21 "反转"特效参数面板

10. 低通

该特效可以将音频的高频部分消除。其参数面板如图 8-22 所示。其中"屏蔽度"用来设置要消除高频的起始频率。

图 8-22 "低通"特效参数面板

11. 多功能延迟

该特效可以为音频添加"同步""重复回声"等 4 个回声效果。其参数面板如图 8-23 所示。其中"延迟"用来设置回声和原音频素材延迟的时间,"反馈"用来设置回声反馈的强度,"级别"用来设置回声的音量,"混合"用来设置回声和音频的混合程度。

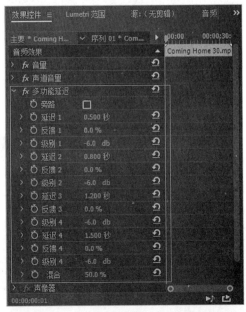

图 8-23 "多功能延迟"特效参数面板

12. 静音

该特效可以对音频和音频的左、右声道进行静音处理。其参数面板如图 8-24 所示。其中,"静音"用来设置音频静音的参数,"静音1"用来设置左声道静音参数,"静音2"用来设置右声道静音参数。

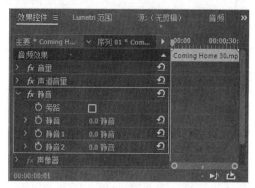

图 8-24 "静音"特效参数面板

13. 消频

该特效可消除设定范围内指定的频段。其参数面板如图 8-25 所示。其中,"中心"用来设置去除频率的初始范围,"Q"用来设置去除指定频率的强度。

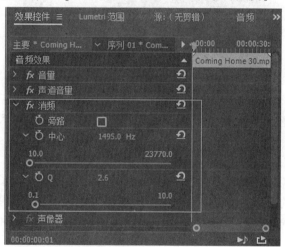

图 8-25 "消频"特效参数面板

14. 互换声道

该特效可以调换音频素材的左、右声道。其参数面板如图 8-26 所示。

图 8-26 "互换声道"特效参数面板

15. 高音

该特效用于调节音频的高音分贝。其参数面板如图8-27所示。其中"提升"用来设置高音分贝的高低。

图8-27 "高音"特效参数面板

16. 音量

该特效用于调节音频素材的音量。其参数面板如图8-28所示。其中"级别"用来调节音频的音量。

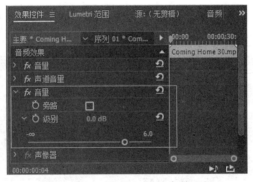

图8-28 "音量"特效参数面板

17. 过时的音频效果

Premiere Pro CC 2017把旧版本中的一部分音频特效升级了,为了兼容旧版项目,它把这些功能升级的特效的旧版本放在"过时的音频效果"文件夹中,如图8-29所示。当在项目中使用该文件夹中的特效时,会弹出"音频效果替换"对话框,如图8-30所示,提示是否要添加新版效果。

图8-29 "过时的音效效果"文件夹   图8-30 "音频效果替换"对话框

8.2.2 添加音频特效

选择"效果"面板中的音频效果,然后按住鼠标左键拖动到音频轨道的音频素材文件上,如图 8-31 所示。

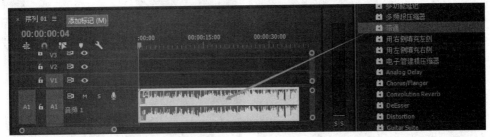

图 8-31 添加音频特效

8.2.3 设置特效参数

添加完音频特效后,在"效果控件"面板中可以添加关键帧并适当调节其数值,如果需要某种特效不发挥作用,可以单击"切换效果开关"按钮 fx,关闭该特效,如图 8-32 所示。

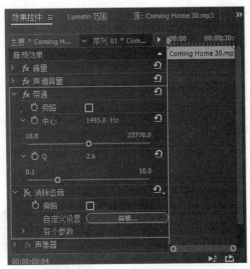

图 8-32 "效果控件"面板

8.2.4 课堂案例:设置音频播放速度

扫码看微课

本案例将视频和音频长度不一致的素材,通过调整音频播放速度,将其长度修改为一致。

步骤 1:新建项目,名称为"设置音频播放速度",然后单击"确定"按钮,如图 8-33 所示。新建序列,选择"DV-PAL"→"标准 48kHz"选项,如图 8-34 所示。

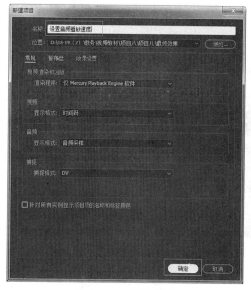

图 8-33　新建项目　　　　　　图 8-34　新建序列

步骤 2：双击 "项目" 窗口，打开 "导入" 对话框，选择 "视频 2" 和 "音频 2" 两个素材，最后单击 "打开" 按钮，如图 8-35 所示。视频大小与创建的序列不一致，所以会弹出 "剪辑不匹配警告" 对话框，单击对话框中的 "保持现有设置" 按钮，如图 8-36 所示。此时 "项目" 窗口如图 8-37 所示。

图 8-35　导入素材

图 8-36　"剪辑不匹配警告" 对话框　　图 8-37　导入素材后的 "项目" 窗口

步骤 3：将视频素材拖动到时间轴的 V1 轨道上，将音频素材拖动到时间轴的 A1 轨道上，如图 8-38 所示。单击轨道上的视频，修改 "视频效果" → "缩放" 参数为 125，如图 8-39 所示。

图 8-38　将素材拖动到时间轴的轨道上

图 8-39　调整视频素材的"缩放"参数

步骤 4：查看"项目"窗口中的音频、视频的时间长度，如图 8-40 所示，发现音频的时间长度为 10 秒，视频的时间长度为 20 秒。需要将音频延长 10 秒。在时间轴的音频轨道上单击鼠标右键，如图 8-41 所示，执行"速度/持续时间"命令。

图 8-40　查看音、视频素材的时间长度

图 8-41　"速度/持续时间"命令

步骤 5：打开"剪辑速度/持续时间"对话框，如图 8-42 所示，设置"速度"为"50%"，此时"持续时间"自动更改为 20 秒，选择"保持音频音调"选项，然后单击"确定"按钮。最终效果如图 8-43 所示。

图 8-42　"剪辑速度/持续时间"对话框

Adobe Premiere Pro CC 2017 案例教程

图 8-43　最终效果

任务 3　音频转场

　　音频转场是对同轨道上相邻两个音频素材通过添加转场特效实现交叉淡化。Premiere Pro CC 2017 中在"交叉淡化"中分别包含"恒定功率""恒定增益""指数淡化"3 种音频转场效果，如图 8-44 所示。

图 8-44　"交叉淡化"参数

8.3.1 音频转场简介

音频转场位于素材开始处时声音由小变大，位于素材结束处时声音由大变小。音频转场也可应用于单个音频素材，用作渐强或渐弱效果。"恒定增益"是将两段素材的淡化线线性交叉。"恒定放大"是将淡化线按抛物线方式交叉。"恒定放大"更符合人耳的听觉规律，"恒定增益"则缺乏变化，显得机械。

8.3.2 添加音频转场特效

选择"效果"面板中的音频转场特效，然后按住鼠标左键拖动到音频轨道的音频素材文件上，如图8－45所示。

图8－45 添加音频转场特效

8.3.3 设置音频转场特效参数

添加完音频转场特效后，在"效果控件"面板中可以添加关键帧并适当调节其数值，如图8－46所示，如果需要某种特效不发挥作用，可以单击"切换效果开关"按钮 fx，关闭该特效，如图8－47所示。

图8－46 音频转场特效参数面板

图8－47 关闭音频转场特效

8.3.4 课堂案例：制作音乐的淡入、淡出效果

扫码看微课

通过调整音频素材的音量可以制作出音频的淡入、淡出效果，使音频过渡平滑。本案例练习在Premiere Pro CC 2017中使用关键帧调整音频播放速度的方法。

步骤1：打开素材文件，如图8－48所示。

图8-48 打开素材文件

步骤2：选择时间轴A1轨道上的音频素材文件，适当调整轨道宽度，然后在起始帧的位置单击轨道前面的"添加/移除关键帧"按钮，添加一个关键帧。在2秒20帧的位置也添加一个关键帧，如图8-49所示。

图8-49 添加淡入效果的关键帧

步骤3：将鼠标放在第一个关键帧上，然后按住鼠标左键向下拖动出音乐的淡入效果，如图8-50所示。

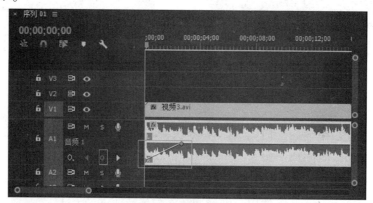

图8-50 设置淡入效果

步骤4：选择时间轴A1轨道上的音频素材文件，在12秒8帧的位置添加一个关键帧，接着在结束帧的位置添加一个关键帧,如图 8-51 所示。

图 8-51　添加淡出效果的关键帧

步骤 5:将鼠标放在最后一个关键帧上,然后按住鼠标左键向下拖动出音乐的淡出效果,如图 8-52 所示。

图 8-52　设置淡出效果

任务 4　音频效果关键帧

Premiere Pro CC 2017 可以对音频设置参数化的关键帧动画,即通过参数的不同值制作动画。例如可以在添加特效后,让特效在指定的时间发生。

8.4.1　手动添加关键帧

选择音频轨道上的音频素材,然后单击"添加/移除关键帧"按钮为音频素材添加一个关键帧,如图 8-53 所示。

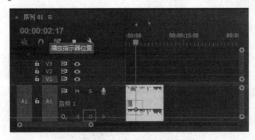

图 8-53　手动添加关键帧

— 201 —

8.4.2 自动添加关键帧

选择音频轨道上的音频素材,然后在"效果控件"面板中设置"级别"为"-10",则自动添加一个关键帧,如图 8-54 所示。

图 8-54 自动添加关键帧

任务 5 综合案例:制作回声效果

扫码看微课

本案例练习在 Premiere Pro CC 2017 中使用延迟音频特效制作回声效果。

步骤 1:打开素材文件"制作回声效果.prproj",如图 8-55 所示。

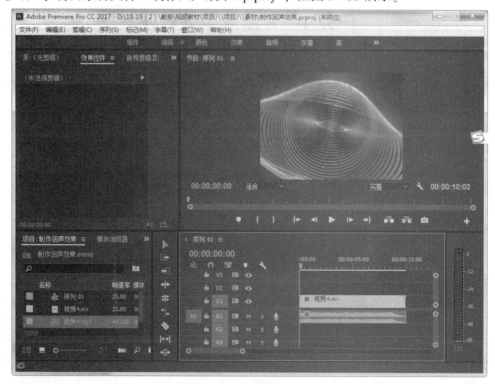

图 8-55 打开素材文件

步骤 2：在"效果"面板中搜索"延迟"效果，并将其拖动到 A1 轨道的音频素材上，如图 8-56 所示。

图 8-56 添加"延迟"效果

步骤 3：选择 A1 轨道上的音频素材，然后在"效果控件"面板中设置"延迟"为 2 秒，"混合"为 17%，如图 8-57 所示。此时已经产生回声效果。

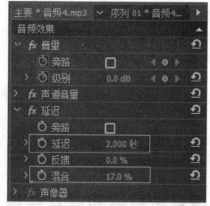

图 8-57 设置"延迟"效果

课后习题

选择题

1. 下列哪个音频特效可以模拟回声的效果？（　　　）
   A. "通道音量"　　B. "反向/倒置"　　C. "延迟"　　D. "混响"
2. Premiere Pro CC 2017 可以为每个音频轨道增添子轨道，最多可添加（　　　）个子轨道。
   A. 5　　B. 6　　C. 7　　D. 8
3. 音频特效可以添加到下列何种目标上？（　　　）。
   A. 音频素材　　B. 音频轨道　　C. 视频素材　　D. 视频轨道
4. Premiere Pro CC 2017 提供了（　　　）种音频切换方式。
   A. 1　　B. 2　　C. 3　　D. 4
5. 假设 Premiere Pro CC 2017 的"时间轴"窗口中一共有 4 个音频轨道，那么可以用于调整的音频控制器共有（　　　）个。
   A. 3　　B. 4　　C. 5　　D. 6

项目总结与知识点梳理

音频编辑最重要的几个操作是调节音量、录音、去除噪声、添加特效。音频是影视作品中不可或缺的内容，无论是人声的处理、音乐的处理还是最终的混音，都会对影片质量的提升起到决定性的影响。

任务序号	任务名称	知识点
1	音频编辑基本操作	添加音频、删除音频、编辑音频
2	音频特效	平衡特效、带通特效、低音特效、声道音量、延迟特效、高通特效、反转特效、低通特效、多功能延迟特效、静音特效、消频特效、互换声音特效、高音特效、音量特效、过时的音频效果、添加音频特效、设置特效参数、速度/持续时间
3	音频转场	添加音频转场特效、设置转场特效参数
4	音频效果关键帧	手动添加关键帧、自动添加关键帧
5	综合案例：制作回声效果	延迟特效的应用

项目九

视频输出技术

任务 1　视频输出基本操作

制作完成作品后需要输出,使用播放器和播放设备观看。Premiere Pro CC 2017 可以输出的文件格式很多,包括.JPG、GIF、WAV、AVI、MOV、MP4 等。

9.1.1　视频输出方法

在 Premiere Pro CC 2017 中输出视频的方法主要有两种。

方法一:选择"时间轴"窗口,然后按"Ctrl + M"组合键,打开"导出设置"对话框,如图 9 – 1 所示。

图 9 – 1　"导出设置"对话框

方法二:选择"文件"→"导出"→"媒体"选项,如图 9 – 2 所示。

图 9-2 "媒体"选项

此时会打开"导出设置"对话框，如 9-1 所示。

9.1.2 "导出"菜单

"导出"菜单包括"媒体""批处理列表""标题""磁带""EDL""OMF""AAF""Final Cut Pro XML"选项，如图 9-3 所示。

图 9-3 "导出"菜单

1. 媒体

该选项可以输出各种不同编码的视频、音频文件，是核心选项。选择该选项会弹出"导出设置"对话框，如图 9-1 所示。

2. 批处理列表

该选项可以导出 CSV、TXT、TAB 等文件的批处理列表。

3. 标题

该选项可以输出 Ptrl 格式的独立字幕文件。选择该选项会弹出"保存字幕"对话框，如图 9-4 所示。

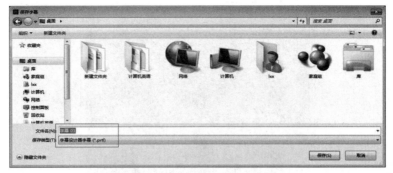

图 9-4 "保存字幕"对话框

4. EDL

该选项可将编辑素材保存为一个编辑表,以供其他设备调用。选择该选项会弹出"EDL 导出设置"对话框,如图 9-5 所示。

图 9-5 "EDL 导出设置"对话框

5. OMF

该选项可将编辑的素材保存为 OMF 格式文档。选择该选项会弹出"OMF 导出设置"对话框,如图 9-6 所示。

图 9-6 "OMF 导出设置"对话框

6. AAF

该选项可将编辑的素材保存为 AAF 格式文档,然后设置存储路径和名称。选择该选项会弹出"AAF 导出设置"对话框,如图 9-7 所示。

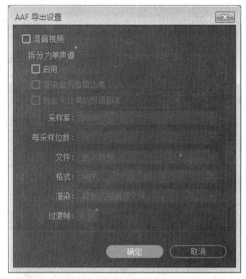

图9-7 "AAF导出设置"对话框

7. Final Cut Pro XML

该选项可将编辑素材保存为XML格式文档。选择该选项会弹出"将转换的序列另存为-Final Cut Pro XML"对话框,如图9-8所示。

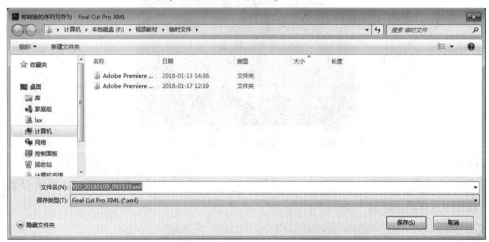

图9-8 "将转换的序列另存为-Final Cut Pro XML"对话框

9.1.3 课堂案例:批量输出视频

扫码看微课

Adobe Media Encoder CC 2017是一个视频和音频编码应用程序,可针对不同应用程序和观众,以各种分发格式对音频和视频文件进行编码。借助Adobe Media Encoder CC 2017,可以按适合多种设备的格式导出视频,范围从DVD播放器、网站、手机到便携式媒体播放器和标清及高清电视。批量输出视频的步骤如下:

步骤1:打开Adobe Media Encoder CC 2017。在Premiere Pro CC 2017中设置完输出格式后,不要选择"导出"命令进行渲染,而选择"队列"命令进行渲染,如图9-9所示。这时,会自动加载Adobe Media Encoder CC 2017,可以看到该格式已经在队列中,如图9-10所示。

项目九　视频输出技术

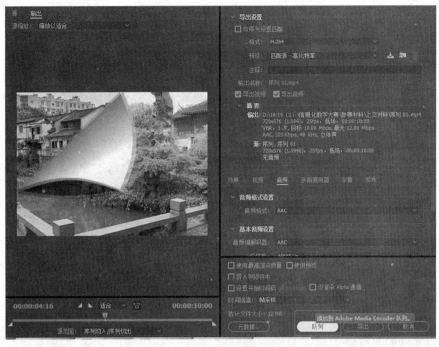

图 9 – 9　"队列"按钮

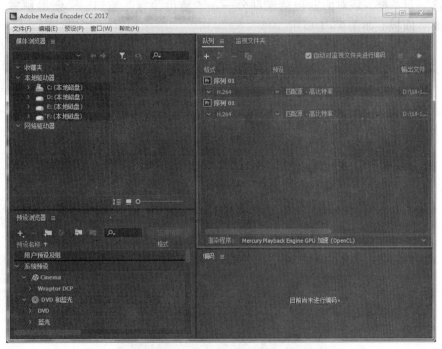

图 9 – 10　添加到 Adobe Media Encoder CC 2017 队列中

步骤 2：添加多个渲染序列。回到 Premiere Pro CC 2017，重新设置渲染区域、格式和编码，同样选择"队列"命令，这时在 Adobe Media Encoder CC 2017 中可以看到该渲染方式已经添加到队列中，如图 9 – 10 所示。

步骤 3：批量渲染输出。单击 Adobe Media Encoder CC 2017 右上角的"开始队列"按钮，可以进行依次渲染，如图 9 – 11 所示。

— 209 —

图 9-11 "开始队列"按钮

任务 2　媒体输出参数设置

当工程文件的非线性编辑完成后,选择"文件"→"导出"→"媒体"选项,弹出"导出设置"对话框。该对话框包括 3 部分——"输出预览"窗口、"输出预置"面板和"扩展参数"面板,如图 9-1 所示。

9.2.1　输出预览窗口

输出预览窗口是文件渲染输出时的预览窗口,包括"源"和"输出"两个选项卡,如图 9-12 所示。

图 9-12　输出预览窗口

"源":可以对监视器中的素材进行剪裁,并可以选择剪裁比例,如图 9-13 所示。
"输出":可以将监视器中已编辑的输出素材设置为"缩放以适配""缩放以填充""拉

伸以适配"等，如图 9-14 所示。

图 9-13　选择剪裁比例　　　　　图 9-14　设置缩放比例

9.2.2　"导出设置"面板

该面板是输出视频、音频和流媒体的设置面板，如图 9-15 所示。

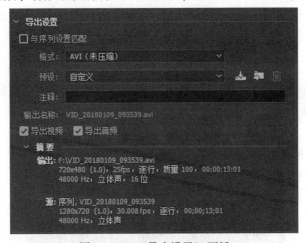

图 9-15　"导出设置"面板

导出设置适合在绝大多数的播放设备和网站的传输。下面介绍几个主要参数。

1. 格式

设置输出视频、音频的文件格式，如图 9-16 所示。

图 9-16 "输出格式"选项

2. 预设

设置选定格式所对应的编码配置方案，如图 9-17 所示。

（1）保存预设：保存当前参数的预设，方便下次使用。

（2）导入预设：单击此按钮，可导入保存的预设参数文件。

（3）删除：删除当前的预设方案。

图 9-17 "预设"选项

3. 注释

在输出影片时添加注释，如图 9-18 所示。

图 9-18 "注释"文本框

4. 输出名称

指定输出的名称。

5. 导出视频或音频

（1）导出视频：勾选此复选框，输出视频部分。

（2）导出音频：勾选此复选框，输出音频部分。

6. 摘要

显示当前影音的输出信息。

9.2.3 "扩展参数"面板

在"扩展参数"面板中可对"输出预置"参数进行更详细的设置。它包括"效果""视频""音频""字幕"和"发布"5 个选项卡，如图 9-19 所示。

图 9-19 "扩展参数"面板

9.2.4 课堂案例：导出 WMV 格式的视频文件

本案例练习在 Premiere Pro CC 2017 中导出 WMV 格式的视频文件。

步骤 1：打开素材文件，如图 9-20 所示。

扫码看微课

图 9-20 打开素材文件

步骤2：选择"时间轴"窗口，选择"文件"→"导出"→"媒体"选项。

步骤3：在弹出的"导出设置"对话框中设置"格式"为"Windows Media"，然后单击"输出名称"后的"彩排.wmv"，在弹出的"另存为"对话框中选择保存路径，如图9-21所示。

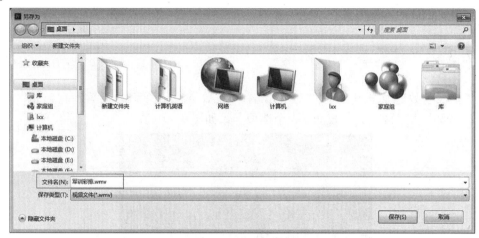

图9-21 "另存为"对话框

步骤4：勾选"导出视频""导出音频"和"使用最高渲染质量"复选框，然后单击"导出"按钮，如图9-22所示。

图9-22 "导出设置"参数设置

步骤5：导出需要一定的时间，如图9-23所示，当导出进度为100%时表明视频导出结束。

图9-23 导出进度

项目九　视频输出技术

步骤6：视频导出完成后，在保存的路径下出现"军训彩排.wmv"文件，如图9-24所示。

图9-24　导出 WMV 格式的视频文件

任务3　综合案例：输出单帧图像

扫码看微课

本案例练习在 Premiere Pro CC 2017 中导出单帧图像。

步骤1：打开素材文件"导出单帧图像.prproj"，如图9-25所示。

图9-25　打开素材文件

步骤2：选择"时间轴"窗口，按"Ctrl + M"组合键，打开"导出设置"对话框。

步骤3：在弹出的对话框中设置"格式"为"JPEG"，然后单击"输出名称"后的"走正步.jpg;"，在弹出的窗口中选择保存路径，如图9-26所示。

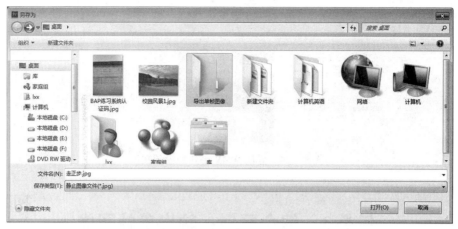

图 9-26 "另存为"对话框

步骤4：设置导出视频长度为视频的前5秒，如图9-27所示。

图 9-27 导出视频长度设置

步骤5：勾选"使用最高渲染质量"复选框，如图9-28所示。

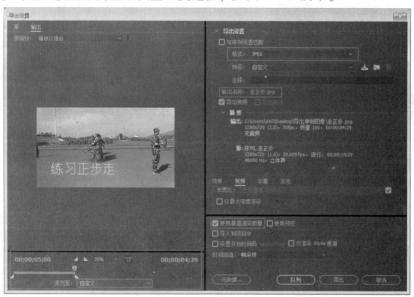

图 9-28 设置输出

步骤6：单击"导出"按钮，导出需要一定的时间，如图9-29所示，当导出进度为100%时表明导出结束。

图 9-29 导出进度

步骤7：输出完成后，保存的路径下出现了序列帧图像，如图9-30所示。

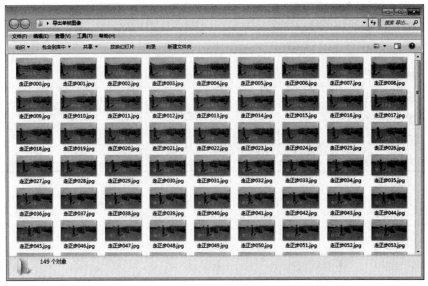

图9-30 导出单帧图像效果

课后习题

选择题

1. 以下属于视频文件格式的是（　　）。
   A. GIF　　　　B. MPEG　　　　C. BMP　　　　D. WMA
2. 只输出项目中的音频文件，则执行"文件"→"导出"命令后，在弹出的子菜单中执行（　　）命令。
   A. "单帧"　　B. "音频"　　　C. "字幕"　　　D. "输出到磁带"
3. "导出设置"对话框通过以下哪个命令能够打开？（　　）。
   A. "剪辑"→"渲染"
   B. "序列"→"渲染入点到出点"
   C. "文件"→"导出"
   D. "文件"→"另存为"
4. Premiere Pro CC 2017可以将视频输出为哪些格式？（　　）。
   A. MPEG　　　B. WMV　　　　C. MOV　　　　D. TGA

项目总结与知识点梳理

所有制作完成的影片都必须经过输出这一环节，因此输出是很重要的。一般来说，如果仅使用默认的输出方式，可以解决大部分问题，但是如果希望输出不同领域需要的视频格式，如无损影片，就需要对编码进行更深入的研究。

任务序号	任务名称	知识点
1	视频输出基本操作	视频输出方法，"导出"菜单
2	媒体输出参数设置	输出预览窗口，"导出设置"对话框，"扩展参数"面板
3	综合案例：导出单帧图像	导出单帧图像

项目十

综合案例：景区宣传片

扫码看微课

任务1　项目分析

本案例练习使用字幕、关键帧动画和转场特效来制作景区宣传片。

任务2　制作首页

步骤1：新建空白项目"景区宣传片.prproj"，如图10-1所示。

图10-1　新建项目

步骤2：双击"项目"窗口的空白处，然后在弹出的对话框中选择所需素材文件，并单击"打开"按钮，如图10-2所示。

图10-2　导入素材

步骤3：在"项目"窗口中，单击"新建素材箱"按钮，如图10-3所示，并重命名为"图片"，如图10-4所示，然后将"项目"窗口中的所有素材图片拖到该文件中，如图10-5所示。

图 10-3　新建素材箱

图 10-4　重命名素材箱

图 10-5　将素材放入素材箱

步骤 4：将"项目"中的"兴城.jpg；"和"文字.jpg；"素材文件拖动到 V1 和 V2 轨道上，并设置结束时间为 2 秒 12 帧，如图 10-6 所示，然后将素材缩放为合适大小，如图 10-7 所示。

图 10-6　将素材拖放到时间轴上

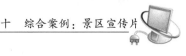

项目十 综合案例：景区宣传片

图10-7 最终效果

任务3 制作场景一

步骤1：将项目中的"古城1.jpg;""古城2.jpg;""古城3.jpg;"和"古城4.jpg;"素材文件拖动到V1轨道上，并设置结束时间为14秒10帧，如图10-8所示。

图10-8 将素材拖动到时间轴上

步骤2：新建字幕"字幕01"，如图10-9所示，单击横排文字工具，并在监视器中单击输入的文字"宁远卫城"，然后设置合适的字体和字体大小，如图10-10所示，并将字幕放置于时间轴的V2轨道上，如图10-11所示。

图10-9 新建字幕

— 221 —

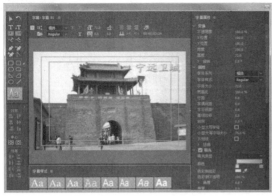

图 10-10 设置字幕参数

图 10-11 将字幕拖动到时间轴上

步骤3：新建字幕"字幕02"，单击横排文字工具，并在监视器中单击输入的文字，然后设置合适的字体和字体大小，如图 10-12 所示，并将字幕放置于时间轴的 V2 轨道上，如图 10-13 所示。

图 10-12 设置字幕参数

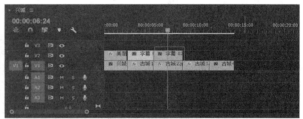

图 10-13 将字幕拖动到时间轴上

步骤4：将"效果"面板中的"风车""交叉溶解"和"圆划像"等视频转场特效拖动到 V1 轨道的素材图片上，如图 10-14 所示。

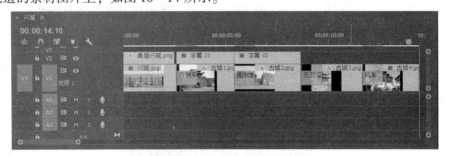

图 10-14 设置视频转场特效

步骤5：此时拖动时间轴滑块查看效果，如图 10-15 所示。

图 10-15 最终效果

任务4　制作场景二

方法同上，时间轴效果如图10-16所示，最终效果如图10-17所示。

图10-16　时间轴效果

图10-17　最终效果

任务5　制作场景三

方法同上，时间轴效果如图10-18所示，最终效果如图10-19所示。

图10-18　时间轴效果

图 10-19　最终效果

任务 6　导出影片

打开"导出设置"对话框,设置参数如图 10-20 所示,然后单击"导出"按钮即可。

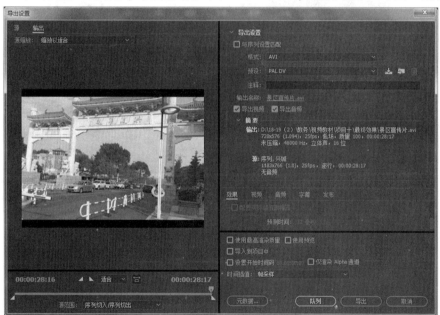

图 10-20　"导出设置"对话框

参考文献

[1] 陈丹,张天琪. Premiere Pro CS5.5 案例教程 [M]. 北京:高等教育出版社,2015.
[2] 杨力. Adobe Premiere Pro 从入门到精通 [M]. 北京:中国铁道出版社,2014.